国际厨娘的

International Professional Cook Mom S & Banana

终极导师

小S与芭娜娜的生活风格料理书

小S与芭娜娜 ◎ 著

U0380585

海南出版社
HAINAN PUBLISHING HOUBE

芭娜娜自序

写博客的初心纯粹只为传递一个回家吃饭的概念，餐桌对我来说并不只是字面上的概念那么单纯，它其实扮演着凝聚家人好友情感的重要角色，我常觉得它应该位于家里最重要的位置，我们一家人的生活因围绕着它而丰富快乐，我认真准备也满心期待每一次在餐桌的相聚时光，并且深信跟心爱的人一起同桌共食，让味觉与记忆编织缠绕才是使料理更加美味的不二法门。

刚开始只是随性地把餐桌氛围分享给大家，后来因为询问食谱做法的朋友多了，我就慢慢把它写进博客里，单纯希望能影响更多朋友，让更多人乐于每天回家做饭也期待回家吃饭。

自家餐桌的料理有机会集结成这本书完全要感谢熙娣的鼓励与推荐，每次表姐妹聚会她总毫不吝啬地赞美我的餐桌布置、我做的菜，然后为了家人她也开始学做菜。大明星无比虚心地询问每个做菜的小细节，手抄食谱按部就班地照着做，三杯鸡、土豆炖肉、三文鱼炊饭、海鲜焗饭……一试就成功，每获家人赞赏时，她就说我教得好，其实我觉得她是真的有天分啊！

跟熙娣的合作是一个愉快而有趣的经验，也是将多年来写的博客集结成书的趣事。书名来自熙娣的点子，有点言过其实，大家可以忽略不去管它，之所以没有修改或调整完全是表姐的私心（笑），能在大明星心中有这样一方位置，对我最热爱的厨房之事有极大的鼓励，也是催化自己继续追求餐桌美好的动力。书里没有厉害的技巧、高端的功夫，只有我用心反复操作深获家人、朋友喜欢的食谱，吃饭这件事谁都不想复杂，新鲜的食材、随手可得的调味料、简单的烹调方式，是让餐桌日日不辍的秘诀。

这里有我对餐桌布置的小心得、对生活道具的选择、对摆盘的方式与配色的小技巧，以及让餐桌日日美好的分享。

感谢出版方让我有机会借这本书传达追求美好生活的理念与体会，希望书里的食谱有幸跃上你的餐桌，或是在家庭聚会时为你提供一些意见，希望你们喜欢，也衷心期待大家的参与。

芭娜娜　2016.08

小 S 自序

Dee's Menu

今年我開始愛上作菜了！(從3月開始，剁柳瀑時很彩開心～)

因為我親愛的女兒們

超級捧場 每作完一道

菜 or 飯 or 湯 他們都全

部吃光ㄌ 而且還邊吃邊說

「好ㄛ吃哦！」我真的好ㄛ

有成就感 and I love them

So much～我會一直作

下去!!! 2015. 3 8 開始紀錄

2016.08

前 言

我～要～开～始～了！

　　婚前的我极少下厨，但却常常在厨房外面欣赏妈妈做菜的功夫，边煮边备料，炉上煎着鱼，水龙头下冲洗着蔬菜，砧板上嗒嗒地切葱、剁蒜，厚墩墩的身影一点也不慌乱，总能在短时间内上足 6 人份的美味饭菜。在我心里她比奥利弗还利落、率性，是我最崇拜的厨房女神（犹胜奈洁拉啊）。

　　婚后我开始拥有自己的厨房舞台并掌握一家人的吃食，我理所当然效法着妈妈的做法，但却发现自己完全不是那块料，经常手忙脚乱，事倍功半。这些还不打紧，最主要的是我常常把厨房搞得像被炸弹轰过一般，原来这边煮边备料是需要深厚功夫底子的啊。后来也只能摸摸鼻子选择老公给的建议，先把大部分的食材备好，根据自己的节奏一步一步来，这才真正体会到下厨的律动与乐趣。

　　现在我很迷恋烹调前的备料工作，所有食材整齐摆在台面上是美丽的拼图，给自己倒一杯红酒是庄重的仪式，昭告着：我～要～开～始～了！

注：本书中材料的使用分量：
1 杯 = 240ml ／ 1 大匙 = 15ml ／ 1 小匙 = 5ml

目 录
CONTENTS

肉类 MEAT

海鲜 SEAFOOD

沙拉、开胃菜、汤品与配菜
SALAD, APPETIZER, SOUP, GARNISH

甜点 DESSERT

主食

STAPLE

意大利肉酱面

烟花女意大利面

培根蛋奶意大利面

明太子海胆三文鱼籽天使细面

番茄海鲜意大利面

意式三文鱼冷面

台式香肠汤面

香蒜培根土豆泥

港式腊肠饭

上海菜饭

咖喱饭

三文鱼炊饭

白酱海鲜焗饭

红酱奶酪嫩鸡炖饭

培根鲜虾炖饭

意大利肉酱面

好友说她非常羡慕我常常用餐桌上的两三道菜便能喂饱家人，想来是她的餐桌日日丰盛使她倍感压力才有感而发。职业妇女如我们，对于厨房之事要维持日日不辍已属难能可贵（快给自己拍拍手），能够找出简单快速、营养均衡而又美味不减的方法是减轻压力必须修习的功课，假日或空闲时预先炖上一锅香喷喷的意式肉酱，工作日的晚餐煮个意大利面，做一道喜欢的沙拉，轻轻松松便能幸福地坐下来享用成果。

材料 |

意式肉酱

猪肉末 300g

牛肉末 300g

洋葱（小型）1 个，切碎

大蒜 3 瓣，切碎

培根片 4 片，切小片

汉斯番茄酱 1 罐 450g

圣女果 400g

月桂叶 1 片

红酒 200ml

橄榄油 2 大匙

盐适量

黑胡椒适量

砂糖适量

做法 |

1. 将橄榄油倒进平底锅热锅后，放入蒜碎煎至微黄，续入洋葱碎拌炒至香气释出呈微微透明状。

2. 接着把培根片加入一起拌炒至油脂释出，然后把猪肉末和牛肉末也倒入拌炒。

3. 炒至肉末颜色变白后倒入约 50ml 的红酒，略翻炒至收汁。

4. 把汉斯番茄酱、圣女果、月桂叶和剩下的红酒全部倒入锅中，煮至沸腾。

5. 转小火慢炖约 40 分钟，中途要不时翻搅一下以免烧焦，试试味道。最后以砂糖、盐及黑胡椒调味即完成肉酱。

TIPS

1. 大锅煮水，待水沸腾后投入盐，按包装上的时间煮熟意大利面，面捞起后拌入些许初榨橄榄油以免沾黏。

2. 意大利面盛盘后淋上肉酱，也可以刨上适量的帕马森奶酪，拌匀后就大口享用吧！

烟花女意大利面

酸咸喷香，味道奔放有层次，口味强烈是烟花女意大利面的特色。Puttanesca 源自 Puttana，在意大利文中意指风尘女郎。名称来源最常听到的说法有两个，一是它的香气和五味杂陈的味道，让人联想到风尘女郎的身世；另一个是风尘女郎随手拿身边有的材料做出来的菜肴，放在窗口吸引寻芳客。由此也可想而知这道菜的材料非常容易取得。鳀鱼、酸豆、黑橄榄是这道菜的灵魂，刚开始我参考了奥利弗的食谱习做，之后便依照家人喜好进而演绎出自家风味的版本。

材料

意大利面 3 人份

鲔鱼片罐头 1 罐把油沥干

油渍鳀鱼 4 片

酸豆 1 小匙，切碎

去核黑橄榄 6 颗，对切

整个西红柿罐头 1 罐 400g，把西红柿随意切碎

欧芹 1 小把，去茎取叶切碎

大蒜 4 瓣，切碎

肉桂粉适量

柠檬 0.5 个

橄榄油 3 大匙

黑胡椒适量

盐适量

做法

1. 煮开一大锅水并加入一撮盐，依照包装上的煮面时间减少 2 分钟来煮面。

2. 平底锅以橄榄油加热后加入大蒜煎香，续入鲔鱼、鳀鱼、黑橄榄拌炒。

3. 接着倒入西红柿搅拌均匀，并加入一半的欧芹碎煮约 5 分钟。

4. 面煮好沥干后倒进煮酱的平底锅里，充分搅拌 2 分钟（步骤 1 保留的 2 分钟煮面时间），依个人喜好挤入适量柠檬汁，撒上肉桂粉、黑胡椒，试试味道做最后调整，有需要就加些煮面水稀释。倒进盘子里，撒上剩下的欧芹就可以端上桌了。

培根蛋奶意大利面

因为孩子们实在太爱意大利面，为求餐桌上的变化，我总会想方设法来点新鲜的花样，而且特别喜欢挑战他们不敢吃的食材。小弟非常讨厌鸡蛋，除了卤蛋之外一概拒吃。这道意面我用他特喜欢的培根与特讨厌的鸡蛋做成，大概是极爱与极恨平衡了他的味觉，有时候他还会主动要求我做这道面食呢！

材料 |

意大利面 3 人份

培根 6 片

洋葱 0.5 个

大蒜 3 瓣

蛋黄 3 个

动物性鲜奶油 200ml

帕玛森奶酪适量，磨碎

黑胡椒适量

盐适量

欧芹叶适量，切碎

做法 |

1. 意大利面用加了盐的水煮约比包装上标示的时间少 2 分钟，沥干备用。

2. 培根切段，洋葱切丁，大蒜切碎或切片，鲜奶油与蛋黄混合搅拌均匀备用。

3. 平底锅加热后放入培根煎香并逼出油来，续入大蒜煎香。

4. 把洋葱丁加进来拌炒至香气释出呈微微透明状。

5. 将煮好的意大利面倒进来并加入适量煮面水拌匀，以黑胡椒和盐调味，前后约 2 分钟。

6. 熄火，把蛋奶酱缓缓倒入拌匀，若太干可适量再加入煮面水。

7. 试试味道，用盐跟黑胡椒调整，然后盛盘撒上欧芹叶，食用前撒上帕玛森奶酪。

明太子海胆三文鱼籽天使细面

意大利面是常出现在我们家餐桌上的主食，细面（Spaghetti）、笔管面（Penne）、天使细面（Angel Hair）、通心粉（Macaroni）、螺旋面（Rotini）……不同面条随意搭配自己喜欢的食材、酱汁，或翻炒，或拌匀，都能演变出不同风味。明太子、海胆、三文鱼籽是我们很喜欢的和风元素，把面条跟酱料拌匀就能呈现日式好滋味，这里使用天使细面是为能迅速吸饱酱汁充分入味。

材料 |

意大利面 3 人份

明太子 1 个约 100g

鲜奶油 200ml

酱油 1 大匙

加拿大海胆 6 片

三文鱼籽适量

海苔丝适量

黑胡椒适量

做法 |

1. 明太子用刀切开，用刀背取出鱼卵，连同鲜奶油、酱油放进容器中拌匀备用。

2. 意大利面按照包装上的时间煮熟。

3. 把意大利面放进步骤 1 的容器中充分拌匀，试试味道，可以以适量黑胡椒调味。

4. 盛盘后放上海胆、三文鱼籽并撒上海苔丝。

5. 拌匀后立即享用。

也太高级了吧！

番茄海鲜意大利面

我很爱吃番茄海鲜意大利面，这是我外食的首选菜单。因为常苦恼于餐厅海鲜料太少吃不过瘾，所以干脆练习自己动手做。自己做海鲜料随意放海鲜绝不手软，食谱里的食材与调味料是我多年经验累积的配比，照着做肯定不会让你失望，饱足又美味。

材料 |

意大利面 4 人份

鲜虾 0.5 斤

蛤蜊 1 斤

鱿鱼 1 只

汉斯番茄酱 1 罐

圣女果 12 颗

大蒜 3 瓣，切片

洋葱 0.5 个切末

橄榄油 3 大匙

白酒约 100ml

月桂叶 2 片

欧芹，适量

盐适量

砂糖适量

黑胡椒适量

鲜虾、鱿鱼腌料 |

白胡椒适量

盐适量

白酒适量

做法 |

1. 鲜虾去肠泥，鱿鱼清除内脏洗净后切成圈状，以腌料调味，圣女果对半切，欧芹去梗把叶切碎。

2. 煮开一大锅水并加入适量的盐，放入意大利面煮至比包装上标示的时间少 2 分钟后捞起备用。

3. 平底锅中倒入 1 大匙橄榄油并加热，把鲜虾、鱿鱼分别炒约 6 分熟后取出备用。

4. 原锅续入 2 大匙橄榄油，先把蒜片煎香，放入洋葱碎炒至呈微微透明状，然后把圣女果也加入拌炒。

5. 倒入白酒，倒进整罐汉斯番茄酱，把月桂叶、1/2 的欧芹末也一起放进去。煮开后放入蛤蜊炖煮，壳开了就夹起来，熬煮酱汁的步骤前后约 10 分钟。

6. 把意大利面、鲜虾、鱿鱼一起倒进来，用盐及黑胡椒调味，也可加入适量砂糖。最后把蛤蜊也倒进来并用适量煮面水调整湿度，此步骤约需 2 分钟。

7. 试试味道做最后调整，熄火撒上剩下的欧芹叶。

意式三文鱼冷面

天气热胃口总是不太好，我尝试性地把三文鱼放入意式冷面中。男孩们非常喜欢，尤其小哥更是从此爱上罗勒的香气。只要逛超市看到新鲜罗勒，他就会以迅雷不及掩耳之势丢一盒到推车里，然后指定我做这道菜，非常好吃啊，冰镇到隔天滋味一点也不减，当作夏日轻食便当或野餐盒味道都不差。

材料 |

天使细面 300g

新鲜三文鱼 1 片

洋葱 0.25 个

甜罗勒 1 把

圣女果约 200g

初榨橄榄油 120ml

盐 1 小匙

黑胡椒适量

柠檬汁适量

大蒜 3 瓣

做法 |

1. 天使细面按包装上的时间煮熟，冲冷水后去除大部分的水备用。

2. 干锅煎熟三文鱼（用烤箱也可），去掉鱼骨剥成一口大小。

3. 洋葱切细末泡冰水，罗勒去茎取叶洗净切碎，圣女果对切，大蒜去皮切碎或压成泥。

4. 洋葱沥干，把所有材料放进调理盆中拌匀，试试味道调整一下就可以了。

5. 移入冰箱冰镇半小时口感会更棒哦！

台式香肠汤面

我必须坦诚婚前的自己完全不懂料理，连烧开水都不会。婚后从最简单的部分学起，这是老公传授给我的第一个私房食谱。当时对这样的组合颇不以为然，但完成后却讶异于它的好味道。浓浓台湾味，香肠香、汤头爽口甜美，至今仍居我们家的口袋常备菜单冠军。

材料 |

中式香肠 6 根

大葱 2 根，切段

胡萝卜 1/3 根，切丝

任何你喜欢的中式面条 4 人份

辣椒 1 根（可省略）

香菜少许（可省略）

盐适量

白胡椒适量

油 1 大匙

做法 |

1. 炒锅放入一大匙的油，冷锅冷油开始用小火慢煎香肠至外皮酥香即可将香肠取出，不需煎至熟透。

2. 趁慢火煎香肠之际把胡萝卜切丝，葱切段。

3. 香肠取出后，续以锅内余油爆炒葱段及胡萝卜丝，辣椒也可在此时加入拌炒。

4. 倒入适量水煮开后放入面条续煮，并趁此空档将香肠切成片。

5. 面条煮熟前 2 分钟将香肠放入锅内，续煮至面条及香肠熟透。

6. 起锅前加入适量的盐及白胡椒调味，盛碗后撒上少许香菜叶装饰并增香。

香蒜培根土豆泥

男孩们很爱土豆，既好吃又有饱足感，因此土豆也是我做西式料理不可或缺的主角。蒜香跟培根的加乘效果让滋味更丰富，搭配炖煮类料理非常之合拍。

材料

土豆 5 个

培根片 4 片

鲜奶 80ml

奶油 40g

香蒜粉 1 小匙

盐适量

黑胡椒适量

做法

1. 烤箱预热至 180º，把培根片放进烤箱烘烤把油逼出，并烤至微焦或自己喜欢的口感。然后切成适口大小，并预留一小部分做装饰。

2. 土豆去皮切大块，然后把土豆块放入一锅沸水中煮至熟软。

3. 起锅后把水分沥干，用叉子把熟透的土豆压成泥状。

4. 慢慢加入鲜奶拌匀。

5. 加入奶油、香蒜粉、盐和黑胡椒搅拌至柔滑。

6. 把大部分的培根片拌入，盛盘后撒上预留的小部分培根片即完成。

港式腊肠饭

聪明有效率的煮妇用铸铁锅烹煮一锅腊肠饭，好吃到令人流泪，销魂呐！

材料 |

米 3 杯

腊肠 6 根

油菜 1 把

水 3 杯

酱油 2.5 大匙

做法 |

1. 腊肠斜切成适口大小。

2. 油菜去蒂洗净。

3. 米泡水 10 分钟后，用沥水篮沥干 10 分钟。

4. 沥干的米放进铸铁锅中并注入 3 杯水后，以中火煮至沸腾，盖上锅盖改以最小火煮约 10 分钟。

5. 掀开锅盖，把腊肠铺在饭上面，转最小火继续煮 6~7 分钟。

6. 再次熄火掀开锅盖把油菜置入，盖上锅盖继续焖约 10 分钟。

7. 淋上酱油把饭拌松拌匀就可大快朵颐了。

TIPS

各家腊肠咸度不一，酱油也因不同品牌而咸度各异，建议依个人口味慢慢添加，不要一下子放很多哦。

上海菜饭

上海菜饭的传统做法是把菜和米一起煮，但如此一来青菜焖久变黄就显得卖相不佳。视觉系煮妇权变之下把油菜分两次入锅，成品不仅每粒米都油油亮亮散发诱人清香，红红绿绿的卖相也十分讨喜呢。

材料 |

香肠 3 根

油菜 5 棵

米 2 杯

鸡高汤 2.2 杯

色拉油 2 大匙

大蒜 1 头

盐 1 小匙

白胡椒适量

做法 |

1. 米泡水 10 分钟后沥干，香肠切小丁，油菜洗净后把梗跟叶分开。梗切小丁，叶切碎，大蒜轻拍备用。

2. 铸铁锅倒入色拉油加热后放进香肠丁煎香，然后把大蒜也放进来炒香。

3. 续入切丁的油菜梗拌炒。

4. 把米倒进来拌炒至每颗米都沾上油。

5. 把一半的油菜叶放进来略炒。

6. 倒进鸡高汤后煮开并放入盐调味，盖上锅盖转最小火煮 13 分钟，熄火后继续焖 5 分钟。

7. 打开锅盖放进剩余的油菜叶，再次盖上锅盖焖 5 分钟。

8. 打开锅盖撒上适量白胡椒拌匀就可上桌咯。

TIPS

1. 如使用电饭锅，可在进行到步骤 6 时加入鸡高汤，调味后移入内锅，放进电饭锅按下开关依正常煮饭程序即可，其余步骤皆同。

2. 这个配方煮出来的米饭是较湿润的口感，如喜欢干爽口感可把米跟高汤比例调整为 1:1。

Banana Cooking Classes
| 第一次就上手之咖喱饭 |

Ⓢ 小孩不敢吃辣，可是只用甜味咖喱又觉得香气不足怎么办？

Ⓑ 可以用适量黑胡椒抓腌一下鸡肉增加整体风味。

Ⓢ 我自己吃的时候会撒一点卡宴辣椒粉，超好吃！

Ⓢ 有时候煮出来的咖喱不够浓稠，怎么补救呢？

Ⓑ 哈哈！再加一点咖喱块就可以了。

难搞吧！

Ⓢ 鸡肉咖喱跟牛肉咖喱烹煮方式有什么不同吗？

Ⓑ 牛肉块要炖煮约 1 小时，然后与其他食材续煮 30~40 分钟，肉质才会软嫩。

咖喱饭

材料 |

去骨土鸡腿 2 个

洋葱 1~2 个（看大小）

胡萝卜 1 根

土豆 2 个

佛蒙特咖喱（甜味）
1 盒

水适量

黑胡椒适量

油适量

做法 |

1. 鸡腿洗净擦干后切成适口大小，放进容器以适量黑胡椒略微腌制。

2. 洋葱切块，胡萝卜、土豆切滚刀块，记得土豆切大块些以免炖煮过程中化在汤里。

3. 炖锅加入适量油并加热后，把鸡肉放进来煎。先别急着翻面，等肉色变白再翻面，边煎边翻炒至肉上色后取出。

4. 原锅续入洋葱翻炒至香气释出并变软，接着把胡萝卜加进来拌炒，然后把土豆也加进来翻炒至所有食材都均匀裹上油脂。

5. 把鸡肉倒回锅中拌匀，加入适量的水至盖住食材，以中火煮至水沸腾后转中小火炖煮 30 分钟，途中须不时捞出浮沫。

6. 检查一下酌加适量水约至淹过食材，接着把咖喱掰成小块放进锅里，大约需要 0.8 盒的量，转小火并轻轻搅拌至咖喱溶化。

7. 继续炖煮 10 分钟，不时搅拌以免烧焦。

8. 试试味道，太咸就加点水，不够味就再加咖喱块调整。

9. 熄火，静置 10 分钟就可以上桌了。

咖喱饭的重点，不是咖喱，是饭！饭煮太烂，咖喱再怎么好吃都没有用！

TIPS

1. 鸡肉可以用其他自己喜欢的肉类代替，咖喱块有甜味与辣味之分，可以选择自己喜欢的风味。

2. 搭配卡宴辣椒粉享用更完美。

三文鱼炊饭

炊饭是日本料理店常见的菜色，主要就是用土锅、铸铁锅或电饭锅等煮饭器来烹煮食材。

肥美的三文鱼先用平底锅煎至两面上色才入锅炊煮，因而增加了独特诱人的镬香，这是一道简单、饱足而且会吃上瘾的料理。

材料｜

肥美三文鱼 1 块

米 2 杯

水 1.8 杯

调味料｜

酱油 2 大匙

米酒 2 大匙

盐适量

做法｜

1. 将米快速淘洗后，浸泡 10 分钟并放进沥水篮沥干 10 分钟备用。

2. 三文鱼用适量的盐稍微腌制，平底锅加热后不需放油，放入三文鱼煎至两面焦香，然后把鱼皮及鱼骨剔除备用。

3. 把米跟水倒入电饭锅内锅，加入所有调味料拌匀，接着把三文鱼平铺在最上面，按下电饭锅的开关开始煮饭。

4. 开关跳起后用饭匙把三文鱼和饭翻松拌匀，盖上锅盖继续焖 10~15 分钟就完成了。

TIPS

1. 新鲜肥美的三文鱼在煎的过程中会释放出许多油脂，所以不用加任何油就可以煎上色。

2. 撒上海苔粉、海苔细丝，或是切丝的紫菜，豪华一点的话可以点缀上少许三文鱼籽，增添美感与风味。

3. 也可加进少许现磨山葵，冲入热茶拌匀变成茶泡饭。

白酱海鲜焗饭

"全世界最好吃的海鲜焗饭"是妈妈对这道主食的极致赞美，也是我一定要把它写进书里的理由。虽然我深知她有点言过其实，但可能也相去不远，哈哈！我用现成浓汤宝替代炒奶油炒面的自制白酱，轻松完成令人难以抗拒的餐厅级焗饭，虽说是偷吃步（闽南语，指做某件事时以蒙混、耍赖等手段，跳过某些步骤而达到快速完成任务的目的）的概念但又何妨呢？好吃就好了嘛（笑）~

材料 |

蛤蜊浓汤
2 罐 ×295g

鲜奶 500ml

米 1.5 杯

鲜虾 0.5 斤

欧芹叶适量

鱿鱼 1 只

蛤蜊 1 斤

洋葱 0.5 个

蘑菇 1 盒

橄榄油 2 大匙

比萨专用
奶酪丝 1 包

盐适量

黑胡椒适量

鲜虾 & 鱿鱼腌料 |

白酒适量

盐适量

白胡椒适量

做法 |

1. 把米和水以 1:1 的比例煮成白饭。

2. 制作白酱：把浓汤宝和鲜奶倒入锅里煮沸，转小火续煮至浓稠状备用。

3. 鲜虾去头去壳清除肠泥，鱿鱼清除内脏后切成适口大小，以腌料略微腌制。

4. 洋葱切细末，蘑菇对半切。

5. 用开水煮蛤蜊至壳开即夹起，并取出蛤蜊肉备用。烤箱预热至 200º。

6. 平底锅倒入橄榄油加热，放进洋葱炒至香气释出，续入蘑菇拌炒。

7. 接着加入鲜虾跟鱿鱼拌炒至虾肉变红。

8. 倒入白饭拌炒，然后把 2/3 的白酱倒入拌匀，并拌入蛤蜊肉。试试味道，用盐跟黑胡椒调整味道后熄火。

9. 倒入烤盘后把剩余的白酱铺上，然后满满铺上奶酪。

10. 把烤盘放进烤箱烤 10~12 分钟，或烤至表面呈现你满意的颜色。

11. 撒上切碎的欧芹叶就可迷人地上桌咯。

TIPS

1. 制作白酱时要记得不时搅拌以免锅底烧焦。

2. 海鲜可以挑选自己喜欢的，不嗜海鲜的人也可以改成鸡肉做成白酱鸡肉焗饭。

炖饭~炖饭~
老娘的最爱~

番茄芝士嫩鸡炖饭

不常煮炖饭的原因是要不停搅拌，站在炉台前的30分钟有时候会让我觉得手酸脚麻，但当我把第一口炖饭送进嘴里时又会忍不住直呼这时间花得太值了！

我几乎都用台湾米来做炖饭，因为家人喜欢更黏稠一点的口感。意大利米对他们来说有点太硬了，所以你大可选择自己喜欢的米来做，料理不是教科书不需要硬邦邦的，不停搅拌让淀粉质释放出来是重点，千万别煮过头否则就成为咸稀饭了。

材料 |

去骨土鸡腿 1 个

洋葱 0.5 个

米 2 杯

白酒 100ml

汉斯番茄酱 1 罐

圣女果 12 颗

月桂叶 2 片

橄榄油 3 大匙

盐适量

黑胡椒适量

鸡高汤（或水）1000ml

奶油 30g

帕玛森奶酪适量

欧芹叶适量

做法 |

1. 鸡腿切成一口大小，洋葱切丁，圣女果对半切备用。

2. 平底锅或炖锅以 1 大匙橄榄油润锅后放入鸡腿丁煎至颜色转白后捞起。

3. 原锅续入 2 大匙橄榄油加热后入洋葱丁，炒至香气释出颜色、微微透明。

4. 把米（不要洗）也倒进来拌炒至每粒米都裹上橄榄油，倒入白酒继续拌炒至酒精挥发。

5. 倒入番茄酱、圣女果、月桂叶继续拌炒。

6. 水分快收干时即加入约刚好盖住米的高汤继续拌炒，此动作重复几次至米煮成你喜欢的熟度（20~30 分钟）。

7. 最后把奶油加入拌匀，试试味道，用盐跟黑胡椒调整味道。

8. 起锅盛盘，撒上现磨帕玛森奶酪和切碎的欧芹叶。

培根鲜虾炖饭

好吃的炖饭要具备口感湿润、米心 Q 弹的条件，起锅前加入一小块奶油拌炒，让层次更加丰富而迷人，多练习几次就能抓到诀窍，掌握自己喜欢的熟度。

材料 |

鲜虾 30 只

洋葱 0.5 个

培根片 3 片

米 2 杯

白酒 100ml

橄榄油 2 大匙

盐适量

黑胡椒适量

欧芹叶适量

鸡高汤 1000ml

动物性奶油 1 小块

虾仁腌料 |

白酒适量

盐及白胡椒适量

做法 |

1. 鲜虾去头剥壳去肠泥，以腌料略腌。培根切小片，洋葱切细末备用。

2. 铸铁锅（或平底锅）加热后，倒入一大匙橄榄油把虾仁煎至约六分熟取出。

3. 原锅放入培根煎至焦香（此时可适度再加入橄榄油），把 2 杯米倒入拌炒至每颗米都沾裹到橄榄油。

4. 把白酒倒入，拌炒到酒精挥发仅留香气。

5. 接着倒进鸡高汤至约盖住食材，轻轻拌炒至汤汁几乎收干，重复此动作直到米达到你喜欢的熟度（20~30 分钟）。

6. 把虾仁倒进锅里拌炒至九分熟，放进奶油并用盐及黑胡椒调味，熄火。撒上切碎的欧芹叶，趁热食用。

料理产生的爱，幻化成魔法！

晚餐是我一天中最喜欢甚至最期待的时刻，一家人围坐餐桌边吃边聊。我爱听男孩们天真甚至有点幼稚的话语，我们也常因有点无聊的话题而笑得东倒西歪。我爱看男孩们吃得津津有味并发出啧啧赞叹的声音，因料理产生的爱幻化成魔法，让我们一家人更凝聚也更深爱着彼此。

刚开始进厨房做菜，我常把鱼煎得支离破碎，青菜炒过头而发黄，面煮糊了……惨不忍睹啊（当然现在进步很多了），狮子座求好心切的本性总是让我懊恼不已，不停地碎碎念，嫌弃而自责。记得我家小哥总是温暖坚定地说："妈，料理好吃就好了，不好看没关系啊！"然后跟小弟把所有的菜吃光光。

有一次小弟放学回家后跟我说："妈，我不喜欢喝学校的水，因为都不像我们家的水那么甜。"

这时我才赫然醒悟，原来我乐此不疲于这一天一顿顿的煮食，是因着嘴甜男孩们施展出来的魔法啊！

为家人好好做顿饭是最直接表达爱的方式，我做的菜大部分很简单，有时候也许会多花点时间去料理，全看自己当下的时间与工夫。爱人习惯开上一瓶好酒，这是我们一天中最放松的时刻，孩子说着他们自认有趣的话题，欢乐时光就这么日日停留在这张餐桌上，安定抚慰我们的身、心、脾、胃……

肉类 MEAT

苹果迷迭香烤猪肋排
香酥帕玛森奶酪猪排
西红柿炒肉末
台湾蜜柑香烤土豆梅花肉
日式姜烧猪肉
太阳瓜仔肉
豆干炒肉丝
泰式葡萄柚拌猪颈肉
土豆炖肉
回锅肉
蒜苗味噌猪五花
焦糖苹果月桂叶煎烤嫩猪排
玉米炒肉末
橘子风味煎烤猪肋排
姜烧小里脊猪排
盐曲酱油香烤翅仔肉佐浅渍洋葱
铁板奶油黑胡椒牛柳
蚝油爆炒三色翼板牛排
香卤牛腱心
意式红酒炖牛肉
蒜香蜂蜜樱桃鸭胸佐甜橘酱
柳橙风味烤鸭腿
油封鸭腿
日式唐扬炸鸡
三杯鸡
黑啤酒炖鸡
柠檬香料烤鸡
香草鸡腿锅
盐酥鸡
香煎鸡排
盐曲鸡柳佐蜂蜜芥末籽酱
迷迭香煎羊排佐炙烤蔬菜

苹果迷迭香烤猪肋排

最近家里烤箱使用率非常高，因为我不想在大热天里守在炉火边动锅动铲搞得自己大汗淋漓，而且也破坏了晚餐的兴致。想要优雅做菜，真少不了烤箱这个好帮手呢！

某些食材是天生绝配，就像苹果和猪排，永远的天作之合等着我们来成全（笑）。

材料 |

猪肋排 4 根
（请肉贩从中剁成
两段）

苹果 1~2 个，
去皮去核切块

迷迭香 2 支

大蒜 2 瓣，
去皮切碎

白酒 100ml

橄榄油 2 大匙

海盐 1 小匙

黑胡椒适量

做法 |

1. 烤箱预热至 200º。

2. 猪肋排洗净擦干后，抹上蒜碎并以黑胡椒和海盐调味。

3. 烤盘底层排放苹果，第二层放迷迭香，把猪肋排放到最上层。

4. 淋上橄榄油及一半的白酒后，放入烤箱烤约 20 分钟。

5. 把烤盘取出，猪肋排翻面并淋上另一半的白酒后，继续放入烤箱烤 20~30 分钟，或烤至肋排全熟即可。

香酥帕玛森芝士猪排

猪排外皮酥脆并有淡淡奶酪香气，内软嫩多汁，是一道搭配西式或中式餐点皆合拍的菜色。贴心提醒别因为太顺嘴一口一口停不下来，大家的体重还是要照顾的（笑）。

材料 |

猪里脊肉排 6 片

黑胡椒适量

盐适量

橄榄油约 6 大匙

中筋面粉 0.5 杯

鸡蛋 2~3 个

日式面包粉 1 杯

帕马森奶酪 1 杯，磨碎

做法 |

1. 猪排以适量盐和黑胡椒调味备用。

2. 准备三个浅盘，一个装中筋面粉，第二个装打匀的鸡蛋，第三个装混合的日式面包粉跟帕玛森奶酪。

3. 猪排先裹上面粉，拍掉多余的面粉后沾裹蛋液，最后再裹上面包粉，按压一下让面包粉包裹紧密。

4. 平底锅倒进 3 大匙橄榄油热锅，然后放进 3 片肉排，每面煎 2~3 分钟至表面金黄酥脆，用筷子可轻易穿刺并不留粉红色血水即可起锅，置于网架上摊晾。

5. 把平底锅擦干净，放入剩下的 3 大匙橄榄油，以同样的做法煎完剩下的 3 片肉排。

6. 略微摊凉后便可盛盘上桌咯！

西红柿炒肉末

西红柿炒肉末与太阳瓜仔肉并列我家孩子们心中最爱的菜色，时不时拌炒一锅，无论拌饭、拌面、做三明治，或是直接包生菜都非常好吃，当作冰箱常备菜再美妙不过了。

材料|

猪肉末 12 两

圣女果 25 颗

红葱头 3 个

色拉油适量

葱丝或香菜适量

调味料|

甜面酱 1 大匙

蚝油 3 大匙

米酒 1 大匙

白胡椒适量

糖适量

做法|

1. 红葱头切末，西红柿切丁备用。

2. 平底锅不加油热锅，倒入肉末中小火慢炒至肉末不再出水。

3. 把肉末拨至一边，锅内加入适量色拉油炒香红葱头末，然后拌炒混合两者。

4. 加入圣女果拌炒至其变软。

5. 放入砂糖以外的调味料，煮至汤汁收干，中途要略微翻炒以免烧焦。

6. 试试味道，用砂糖做最后调整，盛盘后用葱丝或香菜装饰即可。

TIPS

1. 圣女果也可以用两个熟透的西红柿取代。

2. 嗜辣可酌加豆瓣酱，但蚝油就要减量以免过咸，也可适度加入辣椒。

3. 一次多做些，分装后放进冷冻库保存，解冻加热后拌饭、拌面都很美味，堪称最佳常备菜。

台湾蜜柑香烤土豆梅花肉

台湾冬季的柑橘不管是何品种尽皆甜甜蜜蜜馨香魅人，因此家中水果篮时时可见它艳丽的踪影。晚餐时分正思索如何料理梅花肉（猪前槽肉）时，爱人提议用柑橘它来入菜，宜情宜景又适材的建议煮妇欣然采纳，一试之下果然超合拍。柑橘与梅花肉融合出不油不腻的好滋味，这道菜成为我们家冬季限定料理。

材料

梅花肉 1 块
约 900g

土豆 2~3 个

柑橘（中型）2 个

迷迭香 2 支

大蒜 4 瓣
不需去皮

橄榄油 1~2 大匙

盐适量

黑胡椒适量

料理用棉绳 1 段

腌料

橄榄油 1 大匙

君度橙酒 2 大匙

盐 1 大匙

迷迭香 1 支，切末

黑胡椒适量

做法

1. 梅花肉洗净拭干用叉子在肉上戳洞，将其中一个柑橘擦下皮屑、榨汁后连同腌料倒入容器中混和均匀，把肉放进容器中按摩一下，放进冰箱冷藏至少 8 小时，最好是 24 小时，中途记得翻个面再按摩一下以便入味。

2. 烤箱预热至 200º。

3. 从冰箱取出梅花肉回温半小时，然后用棉绳捆绑好。

4. 取一烤盘薄薄刷上一层橄榄油（备料分量外），土豆去皮切大块后放进烤盘，淋上橄榄油、盐及黑胡椒以及余下的腌料拌匀。

5. 把肉放进烤盘中间，将另一个柑橘切片后随意穿插在四周。

6. 将大蒜和迷迭香穿插其中。

7. 烤盘放进烤箱中烤约 30 分钟，中途可用备料分量外的橄榄油涂抹在肉上。

8. 把猪肉翻面，烤盘里的材料再拌匀一次，继续烤 30 分钟。

9. 最后一次翻面再烤 10~20 分钟，当猪肉呈现漂亮的焦糖色时，用竹签戳进肉的最厚处，若流出的是清澈的汤汁，便可将烤盘从烤箱中取出。

10. 静置 10 分钟让肉汁回流后，松开绑绳切成薄片，淋上烤盘里的汤汁，搭配土豆趁热享用。

TIPS
梅花肉选择前段肉质较软嫩的部分。

日式姜烧猪肉

小妹 Vivien 希望我提供肉类料理的食谱，因为孩子的便当快变不出花样了。这道从备料到完成大约只要 15 分钟的日式姜烧猪肉，咸咸甜甜好下饭，蒸过后更加入味，相信每个孩子都会喜欢的。

材料 |

火锅肉片约 600g

洋葱 1 个，
切丝备用

卷心菜少许，
切丝泡水备用

油 1~2 大匙

调味料 |

嫩姜 1 小块，
磨泥备用

酱油 6 大匙

味淋 4 大匙

米酒 2 大匙

做法 |

1. 起油锅，放入洋葱丝拌炒至香气释出，呈微微透明状。

2. 加入所有调味料煮开后转中小火继续煮约 1 分钟。

3. 放进火锅肉片，用筷子拨炒至肉片熟透。

4. 待酱汁稍微转浓稠就可熄火，盛盘并搭配沥干水分的卷心菜丝趁热食用。

太阳瓜仔肉

男孩们上幼儿园前在公婆家被喂养着，这道菜是伯母们的拿手菜，也是后来我们家自己开伙后让他们心心念念着的菜。我的配方多了蛋白增加滑润口感，蛋黄置于其上像太阳，多了视觉美感，咸香又下饭，超低难度的做法就算新手也能轻松上手，记得白饭要多煮一点才够吃哦（笑）。

材料 |

猪五花肉末 600g

爱之味脆瓜 1.5 罐
（含酱汁）

水约 240ml

酱油约 3 大匙

鸡蛋 1 个
（蛋白跟蛋黄分开）

做法 |

1. 脆瓜切碎后与肉末放入容器中，把脆瓜的酱汁、水、酱油加进来搅拌均匀，续入蛋白拌匀。

2. 把拌匀的肉末放进耐热容器中，抹平后用汤匙在肉末中间略压出凹槽，将蛋黄放进凹槽里。

3. 电饭锅外锅加 2 杯水，放进去蒸熟就完成了。

Banana Cooking Classes

| 难易度也才一颗星之豆干炒肉丝 |

(S) 豆干炒肉丝是我的拿手菜，我女儿超爱吃，但为什么
有时候会觉得豆干不够入味？

(B) 有可能是豆干切太大块，把豆干切成跟肉丝差不多大小，快速
拌炒就很容易入味。

(S) 一般豆干炒肉丝都是用原味豆干，为什么不用五香豆
干呢？

(B) 原味豆干比较能炒出软嫩的口感，如果
喜欢较香较硬的口感，也可以选择五香
豆干哦。

YUM
MY!

(S) 有时候肉丝会炒得太硬，该如何炒
出鲜嫩的口感？

(B) 肉丝加入1小匙太白粉抓腌，这样就能
炒出软嫩口感。

女儿赞不绝口！

豆干炒肉丝

材料

豆干 8 片

小里脊肉丝
约 400g

大蒜 2 瓣

香葱 2 根

辣椒酌量

酱油膏 3 大匙

酱油 0.5 大匙

油适量

肉丝腌料

酱油适量

米酒适量

太白粉 1 小匙

做法

1. 肉丝用腌料抓匀腌约 10 分钟。

2. 豆干切丝（约与肉丝同宽），大蒜切片，香葱切段并把葱白跟葱绿分开，辣椒斜切片。

3. 起油锅（油量可以比炒菜时多一点），用温油将肉丝泡至肉色稍微转白。

4. 把肉丝拨到一边后续入豆干丝拌炒熟化。

5. 加入蒜片、葱白及辣椒翻炒增香。

6. 倒入酱油膏和酱油快速翻炒均匀，最后放入葱绿拌匀即可起锅。

妈妈好厉害！

又红

国际厨娘不是浪得虚名的！

妈妈太棒了！

泰式葡萄柚拌猪颈肉

葡萄柚产季时我经常做这道菜，猪颈肉煎香后让多余油脂释放出来，泰式酱汁融合了酸、咸、香、辣滋味，色彩也缤纷的诱人食欲，所以一定要推荐给爱吃泰式料理的朋友们。

材料 |

猪颈肉约 500g

葡萄柚 1 个

大蒜 5 瓣

大红辣椒 1 根

香菜取叶 1 束

鱼露 2 大匙

柠檬 0.5~1 个

椰糖 1 大匙

做法 |

1. 葡萄柚去皮取果肉，把大蒜、辣椒切末，与鱼露、柠檬、椰糖拌匀备用。

2. 松阪猪肉洗净后擦干，平底锅加热后放入猪颈肉煎至两面上色熟透。

3. 稍微放凉后切片，并与步骤 1 中的备料混合。

4. 试试味道并做最后调整，确定酸、咸、香、辣都到位，盛盘后撒上香菜叶即可。

土豆炖肉

土豆炖肉是日式居酒屋里常见的菜色，它总能让吃过的客人暖暖地露出满足微笑，我特别喜欢它的理由是在咕噜咕噜的炖煮声中，可以在短时间内完成其他菜肴，快速而优雅地让饥肠辘辘的家人饱餐一顿。

传统日式做法用的是猪或牛肉片，我家男孩们爱大口吃肉，所以我把梅花肉切成一口大小来炖煮，Q嫩略有咬劲的口感很受欢迎，也是点菜率极高的妈妈味。

材料｜

梅花肉约 600g，
切成 1 口大小

土豆 2 个，
去皮切滚刀块

胡萝卜 1 根，
去皮切滚刀块

洋葱 1 个，切粗丝

甜豆 1 小把

水适量

油 2 大匙

调味料｜

酱油 6 大匙

味淋 3 大匙

清酒或米酒 3 大匙

糖 1 大匙

做法｜

1. 一大匙油热锅，先放进猪肉半煎半炒至上色后取出备用。

2. 原锅续入一大匙油加热，然后放进洋葱丝续炒。

3. 加入土豆跟胡萝卜略微拌炒后把猪肉拌匀并加入适量的水（约至材料的八分满即可）。

4. 转大火煮至沸腾并捞出浮沫。

5. 把所有调味料加进去，转中小火慢炖约 30 分钟。

6. 试吃一下并依照个人喜好调整味道，续煮 10 分钟或至食材都煮熟并且入味。

7. 最后加入甜豆烫熟就完成了。

回锅肉

我家小哥跟小弟都爱吃肉（男孩都这样吗？）而且偏好有油脂的五花肉，这道有浓郁酱色并带点川味的回锅肉咸香味厚，总能让他们多吃一碗白米饭。

以前男孩们不敢吃辣我会用不辣的豆瓣酱来取代，餐桌菜色随孩子们的成长而更迭变化，现在终于能光明正大地用上辣豆瓣酱，整体风味因此更地道过瘾，同时也满足了我嗜辣的脾胃。

材料

五花肉 1 块，
约 600g

卷心菜叶 4~5 片，
切小块

青椒 0.5 根，
切小块

大蒜 2 瓣，切片

辣椒 1 根，切片

大葱 2 根，切段
并把葱白跟葱绿分开

油适量

调味料

酱油 1.5 大匙

米酒 1.5 大匙

甜面酱 1.5 匙

糖 1 大匙

豆瓣酱 1 大匙

做法

1. 五花肉汆烫至约七分熟取出切成约一口大小的薄片。

2. 起油锅放入一大匙油，把五花肉煎至熟透并微焦上色同时逼出油脂，然后取出备用。

3. 锅中如果油脂太多可取出一部分，入大蒜、辣椒及葱白爆香后，续入调味料中的豆瓣酱炒香。

4. 把五花肉放进锅中拌匀，接着加入其他调味料翻炒拌匀。

5. 放进卷心菜及青椒翻炒至熟透，最后撒上葱绿拌匀即完成。

蒜苗味噌猪五花

煎香的五花肉裹上咸甜味噌酱汁，蒜苗大蒜双蒜争香，肉味十足却不油不腻，又是一道令人上瘾的白米饭杀手。

材料 |

五花肉 600g

蒜苗 2~3 根

大蒜 3 瓣

油适量

酱汁 |

赤味噌 2 大匙

黑龙白荫油 1 大匙

味淋 2 大匙

米酒 1 大匙

糖 0.5 小匙

做法 |

1. 五花肉切成喜欢的大小，我家男孩指定厚切（笑），大蒜去皮拍碎，蒜苗斜切片并且把蒜白跟蒜绿分开，把调配酱汁所用的材料倒入容器内调匀。

2. 平底锅内加入少许油加热，放进切片的五花肉最好不要重叠，先别急着翻面，待煎上色后才翻面继续煎至上色（此时肉尚未全熟）。

3. 把五花肉稍微拨到锅子一边，放入大蒜煎至香气释出，此时如果油不够可再酌加。

4. 续入蒜白炒香然后把肉拨过来翻拌炒匀。

5. 把酱汁一口气倒入并拌炒均匀，待肉熟收汁后把蒜绿投入拌炒开即熄火。

6. 盛盘后立刻上桌，趁热食用。

焦糖苹果月桂叶煎烤嫩猪排

苹果和猪排是毋庸置疑的天生绝配，这道菜是我把甜点概念带进菜肴中的"食"验作品，咸香的猪排搭配香甜的焦糖苹果，滋味清香淡雅，风味独特，成果很是令煮妇自己满意。

材料

带骨猪里脊排 4 片

苹果 1~2 个

大蒜 3 瓣

干燥月桂叶 2 片

橄榄油 2~3 大匙

糖适量

黑胡椒适量

盐适量

做法

1. 烤箱预热至 200º。

2. 苹果去皮切片后沾裹上一层砂糖，大蒜切厚片，猪排擦干水分后用盐和黑胡椒调味备用。

3. 在可以直接进烤箱的平底锅里放入 1~2 大匙橄榄油润锅加热，放进大蒜、月桂叶跟猪排，把猪排两面煎上色后连同大蒜、月桂叶取出备用。

4. 原锅转小火放入苹果片，两面微煎至砂糖溶化上色即可熄火。

5. 把猪排放在苹果上，撒上步骤 3 中的大蒜和月桂叶，淋上 1 大匙橄榄油后放进烤箱烤约 8 分钟即完成。

看起来好好吃哦！

Banana Cooking Classes

| 没有教不会的学生之玉米炒肉末 |

S 玉米炒肉末我都用玉米罐头，如果用新鲜玉米粒口感会比较好吗？

B 其实两者都可以哦，不过新鲜玉米粒会比较脆口多汁，但要稍微煮久一点才会熟化入味，所以可以依个人口味来决定用罐头玉米还是新鲜玉米粒。

S 那我本人漂亮吗？

B 那还需要问吗？（你要不要稍微掩盖一点你嘴角的笑意）

Good Student!

玉米炒肉末

材料 |

肉末约 150g

玉米罐头 1 罐

香葱 1~2 根

水适量

盐适量

肉末腌料 |

酱油少许

米酒少许

白胡椒少许

做法 |

1. 肉末以腌料抓腌静置约 10 分钟，香葱切末并把葱白和葱绿分开。

2. 起油锅把肉末炒至颜色转白，续入葱白炒香。

3. 把玉米粒倒入炒匀并加入适量水烧一下。

4. 用盐调味，最后撒上葱绿拌匀就可起锅盛盘。

老公这么爱我
不是没有道理的啊！

橘子风味煎烤猪肋排

我经常用水果入菜，也经常做烤箱料理。这里的猪肋排因为先煎过再入烤箱烘烤，因此香气明显提升许多。橘子皮屑跟果汁经浓缩后成为不可或缺的爽口酱汁，成品如果再搭配自己喜欢的生菜叶就是一道完美主菜。

材料 |

一副猪肋排 3~4 根
重 600g
橘子 2 个
不甜的白酒 120ml
新鲜百里香 4 支
盐约 1 小匙
黑胡椒适量
橄榄油适量
生菜叶适量

做法 |

1. 刨下橘子皮屑，橘子榨汁，连同白酒、百里香、盐跟黑胡椒混合均匀，把肋排放入腌泡至少 2 小时（隔夜最佳）。

2. 烤箱预热至 200º。

3. 以适量橄榄油起油锅，把猪肋排煎至两面金黄。

4. 把猪肋排和所有腌汁放进烤盘烤约 50 分钟或至肉熟。

5. 盛盘缀上橘子瓣（分量外），淋上烤盘上的美味汤汁，搭配生菜叶完美上桌。

姜烧小里脊猪排

猪的小里脊肉质软嫩不带油脂，分切后薄拍成肉排，用咸咸甜甜的日式风味酱烧煮，是一道下饭菜也是最佳便当菜。

材料 |

小里脊肉 600g

面粉或太白粉适量

生菜丝适量

调味料 |

姜 1 块，磨成泥

酱油 5 大匙

味淋 5 大匙

米酒 2 大匙

色拉油适量

做法 |

1. 把所有调味料放进容器内拌匀备用。

2. 小里脊肉斜切片后用肉锤轻拍成肉排。

3. 在肉排两面薄薄筛上一层面粉，平底锅入色拉油加热后，把肉排煎至两面上色。

4. 把调味料全数倒入，煮至酱汁转浓，肉排熟透即可起锅。

5. 盛盘后搭配生菜丝享用。

注：太白粉即土豆淀粉。

盐曲酱油香烤肩颈肉佐浅渍洋葱

最近我的优良肉贩老板娘三不五时就会帮我留一份猪的肩颈肉，这俨然已成为我冰箱里的常备食材了。因为冰箱里的盐曲快过期，所以加了酱油跟蒜泥一起腌渍然后送进烤箱烘烤，过程中香得厉害，连男孩们都跑进厨房问什么东西这样香。浅渍洋葱是我们在家吃铁板烧必备，多添了切碎的薄荷叶，用红胡椒取代黑胡椒，整体风味更加清新爽口，是我很满意的一道菜。

材料 |

肩颈肉约 600g

大蒜 2 瓣，压成泥

盐曲 4 大匙

酱油 1.5 大匙

做法 |

1. 肩颈肉洗净擦干水分。

2. 在容器中放进蒜泥、盐曲、酱油调匀，把肩颈肉放进来按摩一下让腌料均匀包覆在肉上，放进冰箱至少冷藏 2 小时。

3. 烤箱预热至 200º，把肉放进烤箱烤 10 分钟，然后把温度调降至 180º，再烤 5 分钟至肉熟透。

4. 取出静置 10 分钟让肉汁回流，切成喜欢的大小盛盘。

浅渍洋葱材料 |

洋葱 0.5 个切碎

薄荷叶（紫苏叶也可以）适量切碎

柠檬皮屑适量

柠檬汁适量

红胡椒粉（黑胡椒粉也可）适量

盐适量

做法 |

把切碎的洋葱泡冰水约 30 分钟去除呛辣味，沥干水分后加入盐、红胡椒、适量柠檬汁、薄荷叶及柠檬皮屑，边调边试味道，搅拌均匀放进冰箱冷藏约 30 分钟入味。

铁板奶油黑胡椒牛柳

自从有一回到中式热炒餐厅吃饭，点菜时小哥点了黑胡椒牛柳而且告诉我他非常喜欢吃，妈妈我就开始努力想复制这味道，几番尝试后，自家铁板奶油黑胡椒牛柳也可以有模有样地端上桌呐！

材料 |

翼板牛排（或任何自己喜欢的牛肉部位）1 块约 500g

洋葱 1 个

大蒜 2 瓣

奶油 1 小块约 10g

油适量

调味料 |

蚝油 3 大匙

酱油 1 大匙

黑胡椒至少 0.5 大匙

牛肉腌料 |

酱油 1 大匙

米酒 1 大匙

白胡椒适量

太白粉 1 大匙

做法 |

1. 牛肉擦干水分逆纹切成约 1cm 的条状，用酱油、米酒、白胡椒腌约 20 分钟。

2. 洋葱切丝，大蒜切片，把调味料拌匀备用。

3. 牛肉加入太白粉抓匀，用比炒菜多一点的油热锅，温油下牛肉后先不要翻动，待肉色转白定型后用锅铲翻面，两面肉色都转白后就可起锅，此时牛肉为四到五分熟。

4. 把铸铁烤盘或铁板在另一口炉小火加热。

5. 原炒锅留适量油放入大蒜爆香，接着放进洋葱炒到洋葱变软但仍有脆度呈半透明状。

6. 把调味料倒进炒锅炒匀后续入牛肉快速拌匀熄火。

7. 把奶油放进加热后的铁板融化，将牛肉倒进来略拌一下就可上桌了。

TIPS

如果家里没有铸铁烤盘或铁板，只要在最后把奶油丢进炒锅拌匀盛盘就完成了。

蚝油爆炒三色翼板牛排

做菜时总是想着爱人爱吃的、孩子爱吃的、客人爱吃的……很少去想自己爱吃什么，时间久了就自然而然把这些当作自己爱吃的。

这道明亮怡人、风情万种的下饭菜中的牛肉香嫩多汁，各式蔬菜鲜、脆、甜，单纯用蚝油提升整体风味，是我为自己做的菜，补充了铁质跟红酒多酚，就希望明天的自己气色红润、风情万种，哈哈（整个人想太多）。

材料 |

翼板牛排（或任何你喜欢的牛排）
1 块约 500g

玉米笋 6 根

甜豆 1 小把

圣女果 12 个

洋葱 0.5 个

橄榄油适量

盐适量

黑胡椒适量

蚝油 2~3 大匙

做法 |

1. 牛排两面用盐和黑胡椒调味备用。

2. 玉米笋斜切成两段，甜豆掐头掐尾去粗丝，放入沸水中氽烫约 1 分钟，取出备用。

3. 洋葱切丝，圣女果对切。

4. 平底锅以橄榄油润锅加热，把牛排两面煎上色至约五分熟，取出后静置 5 分钟让肉汁回流，然后切成约 2×2cm 大小备用。

5. 原锅再加入适量橄榄油加热后，投入洋葱炒至呈半透明状，放入玉米笋跟甜豆翻炒一下，以少许盐调味。

6. 续入牛肉拌炒，并加入蚝油调味，此动作需快速完成以免牛肉过老。

7. 最后把圣女果投入拌匀并以适量黑胡椒调味即完成。

TIPS

依此做法完成的牛肉约七分熟，可依自己喜欢的熟度增减步骤 4 的时间。

香卤牛腱

卤制食品各家应该都有自己的独门配方，百家争香风情万种，只要家人爱吃就是最棒的。我的配方里比较特别的是咸味来自三种不同酱油，并且加入两片月桂叶提香，这样卤出来的牛腱清香不腻，切片淋上卤汁就很美味了。

材料

牛腱 4 个约 1600g

葱 3 根

老姜 1 块

月桂叶 2 片

八角 3 个

黑龙酱油 60ml

龟甲万醍醐味酱油 60ml

酱油膏 4 大匙

米酒 60ml

冰糖 1 大匙

水 6 杯

做法

1. 葱切段、老姜轻拍，牛腱汆烫去血水后洗净备用。

2. 取一炖锅把步骤 1 及所有其他材料放进锅里，用中大火煮沸后转小火炖煮约 1.5 小时。

3. 放凉后切片淋上卤汁即可上桌。

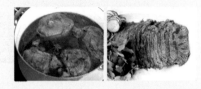

TIPS

1. 放进冰箱冷藏一夜更入味。

2. 分装冷冻起来，解冻回温不需加热就可立即食用。

我也爱煮这道菜
一边煮一边喝~

意式红酒炖牛肉

总觉得炖煮类食物有一种令人难以抗拒的魔力，准备食材时刀子跟砧板交会的嗒嗒声，拌炒时锅内的吱吱声，还有炖煮过程的咕噜咕噜声，每一个节奏都让人满心期待，食材初结合的酸涩随时间愈长愈浓醇透香，周末一锅红酒炖牛肉就这么在满室生香中完成。

材料 |

牛肋条（或牛腱）
1.5kg

洋葱 1 个切丁

胡萝卜中型 2 根
轮切块并修圆角

培根 5 片切小片

大蒜 2 瓣

整个西红柿罐头 1
罐约 410g

红酒 1 瓶（任何品
种都可以，勃根地
最优）

牛或鸡高汤适量

月桂叶 2 片

中筋面粉 2 大匙

橄榄油适量

调味料 |

盐 0.5 小匙

黑胡椒适量

糖 1~1.5 大匙
（随喜好酌加）

做法 |

1. 牛肋条洗净擦干后用盐和黑胡椒调味，铸铁锅倒入 1 匙橄榄油加热，把牛肋条煎至两面上色后捞起。

2. 煎好的牛肋条切大块备用。

3. 原锅续入培根煎至焦香。

4. 放入洋葱拌炒至香气释出呈微微透明状，过程中一定要把焦化的锅底精华刮上来。

5. 放入胡萝卜炒香。

6. 把牛肋条也倒进来拌炒。

7. 整个西红柿倒入继续拌炒。

8. 倒进整瓶红酒并加入牛或鸡高汤，约至盖住所有食材并煮至沸腾。

9. 加入月桂叶、大蒜及适量黑胡椒调味后，转小火炖煮约 1.5 小时，途中不时捞起浮沫。

10. 可酌加水让汤汁维持约盖住食材，试试味道，用盐和黑胡椒做最后的调整，并用糖收束酸度。

11. 取出少量汤汁与面粉慢慢混合，再倒回锅内浓缩汤汁就完成了。

TIPS

马上上桌趁热食用，或者放凉后放进冰箱冷藏，隔日加热后会更入味！

蒜香蜂蜜樱桃鸭胸佐甜橘酱

我家小弟每每两三顿中菜后就会开始思念西式菜色，不像小哥随和得很，妈妈煮的都爱吃。

以前觉得皮酥肉嫩又多汁的鸭胸是餐厅级菜色，后来因为一心追求餐桌上菜色的变化，食材取得也变得更多元，鸭腿、鸭胸遂收入囊中成为自家餐桌菜单。做法其实一点也不难，喜欢吃鸭肉的朋友不妨试试。

材料 |

鸭胸肉 2 块

大蒜 3 瓣

蜂蜜适量

黑胡椒适量

盐适量

做法 |

1. 烤箱预热至 200º。

2. 大蒜轻拍不去皮，鸭胸肉洗净擦干水分，在皮上用刀划出菱格纹，用黑胡椒跟盐调味后静置约 10 分钟。

3. 平底锅加热后转小火，不需放油把鸭胸皮朝下放进锅里，待油脂开始渗出后把大蒜也放进去煎，煎至鸭皮酥香上色，约需 8 分钟。

4. 翻面续煎约 1 分钟。

5. 熄火后把煎软的大蒜涂抹在鸭胸两面。

6. 在鸭胸表皮涂上一层蜂蜜后，鸭皮朝上放进烤箱烤约 5 分钟。

7. 把鸭胸取出放在盘子上置于炉台温暖的地方 5~10 分钟。

8. 把鸭胸切片，盛盘后就可以上桌了。

甜橘酱材料 |

橘子 6 个

柠檬汁少许

甜橘酱做法 |

把橘子榨汁放进容器中，用中火煮沸后转小火熬至浓稠，加入几滴柠檬汁调整风味就完成了。

TIPS

1. 煎鸭胸时会释出非常多的油脂，中途可把鸭油倒出，鸭油用来炒蔬菜非常棒，千万别丢掉。

2. 依此做法进烤箱时间即鸭胸熟度，比如烤 5 分钟约五分熟，7 分钟约七分熟，请按照个人喜欢的熟度调整烘烤时间。

柳橙风味烤鸭腿

我觉得鸭腿是神奇的食材，有它在就带些欢庆与愉悦的氛围。第一次做这道菜是两年多前小弟说要庆祝放暑假，打电话到办公室央求我晚餐做点西式料理，就这么赶"鸭子"上架"食"验完成了菜色。烘烤过程中鸭皮的香气混和柳橙清新气息，香到让人直咽口水，喜欢吃鸭腿的朋友请务必试试。

材料

鸭腿 4 个

柳橙 1 个

橄榄油 1 大匙

君度橙酒 2 大匙

盐 0.5 大匙

黑胡椒适量

新鲜百里香 4 支
（也可省略）

做法

1. 刨下柳橙皮屑后把柳橙榨汁放进烤盘，接着把橄榄油、盐、黑胡椒和橙酒也放进去调匀。

2. 鸭腿洗净擦干水分，放进腌料按摩一下并放进百里香，然后置入冰箱冷藏至少 1 小时。

3. 烤箱预热至 200º，把烤盘从冰箱取出回温。

4. 将鸭腿连同烤盘放进烤箱烘烤，每 20 分钟把烤盘里的鸭油刷在鸭皮上。

5. 烤约 1 个小时或至皮酥肉熟时从烤箱取出。

6. 盛盘后缀上柳橙片，淋上适量烤盘上的鸭油就可上桌咯！

油封鸭腿

想要自己封鸭腿起因于之前买的鸭腿（已油封仅需煎或烤香）不是很对味。我们都爱吃鸭腿，不想因此让家人坏了对这道名菜的印象，所以才尝试想要封出属于自家的风味。

做法其实超简单，只需花时间来换取美味，可能的话建议一次多封一些。分装后放进冷冻保存，想吃的时候只要退冰回温放进烤箱烤个十来分钟，法式名菜就能立即上餐桌。

材料 |

鸭脂肪 2 公斤

鸭腿 4 个

海盐 1 大匙

大蒜 4 瓣切碎

新鲜百里香 4 支

月桂叶 3 片

做法 |

1. 鸭腿洗净擦干，把所有调味料抹在鸭腿上，按摩均匀后放进冰箱冷藏至少 24 小时入味。

2. 把鸭脂肪放进铸铁锅用中小火加热慢慢炼出鸭油。

3. 炼至鸭脂肪仅剩酥酥的渣后，将渣用滤网捞除。脂肪渣不要丢弃可以用来炒菜、拌饭或拌面哦。

4. 烤箱预热至 100º，把鸭腿的腌料尽量擦干净，放进铸铁锅中注入鸭油至盖过鸭腿，放进烤箱烤约 3 小时。

5. 把鸭腿从烤箱取出，烤箱温度提高到 200º，鸭腿取出放在烤盘中续入烤箱烤约 10 分钟至皮酥上色后便完成了。

TIPS

1. 橄榄油取代鸭油更便利。

2. 油封 3 小时仍稍微保有鸭腿的咬劲，如喜欢更软的口感请自行加长油封时间。

3. 封好的鸭腿如果没有立刻吃，可以放凉后放进容器中注入鸭油冷冻保存，要吃的时候拿出来退冰烤（煎）香加热，非常方便。

4. 鸭油留着可以冷冻保存继续使用哦。

日式唐扬炸鸡

与其让孩子们偷偷在外面胡乱吃炸物，不如妈妈们自己亲手做，食品安全问题自己来把关，美味也是丝毫不逊于外呢！

材料 |

去骨土鸡腿 1 个

鸡蛋 1 个

太白粉适量

油适量

鸡肉腌料 |

酱油 2 大匙

味淋 1 小匙

清酒（或米酒）
1 大匙

柠檬汁（或醋）适量

姜 1 小块，磨成泥

大蒜 1 瓣，压成泥

酱料 |

日本酱油适量

柠檬汁或醋适量

萝卜泥适量

把材料拌匀即完成

做法 |

1. 鸡腿洗净擦干水分后切小块（3~4cm）。

2. 取一容器把腌料混合后放进鸡肉抓匀，腌20~30分钟。

3. 鸡蛋打匀，另取一浅盘倒进适量太白粉。

4. 鸡肉先沾上一层蛋液后再沾太白粉，并拍掉多余的粉。

5. 起油锅让油温上升至约180º（用筷子插入油中会有小气泡往上升），把鸡肉一块一块放进油中炸至肉熟表皮酥脆。

6. 把炸好的鸡块平铺于网架上略摊凉就可盛盘上桌，单吃或搭配蘸酱食用都美味。

Banana Cooking Classes
愚妇也能变巧妇之三杯鸡

Ⓢ 三杯鸡要做得地道有什么技巧吗？

Ⓑ 1.芝麻油的燃点低所以容易变苦，我会混合一部分油来解决这个问题。
2.姜切薄一点，冷锅冷油小火慢慢煸，一定要煸到姜片边缘微微卷起让香气完全释出。

Ⓢ 三杯鸡一定要用鸡吗？

Ⓑ 你先喝个三杯我再告诉你（真是无厘头啊）。

三杯鸡

材料 |

土鸡腿 2 个

大蒜 12 瓣

老姜 1 块约 8cm

大葱 2 根

辣椒酌量

九层塔 1 大把

酱油 5 大匙

米酒 120ml

冰糖 2 大匙

黑芝麻油 2 大匙

油 2 大匙

做法 |

1. 鸡腿肉切块，汆烫去血水后沥干备用。

2. 大蒜去皮，老姜切薄片，大葱切段，辣椒斜切片，九层塔去除硬梗洗净沥干备用。

3. 倒入混合芝麻油跟炒菜油，冷锅开始煸姜片，小火煸至姜片边缘微微卷起香气彻底释出。

4. 转中火放入大蒜、大葱、辣椒炒香，接着放进鸡肉翻炒。

5. 加入冰糖炒匀，然后倒入酱油翻拌均匀，淋入米酒后盖上锅盖转中小火焖煮 15~20 分钟。

6. 打开锅盖边炒边收汁，收至锅中几乎没有多余的酱汁且肉色发亮就可熄火。

7. 快速拌入九层塔即可盛盘上桌。

老娘根本上得厅堂
下得厨房！

黑啤酒炖鸡

炖煮 1 小时的鸡肉已经入口即化，汤汁浓醇而麦香温润完全不带酒精味，搭配面、饭、薯泥或面包都合拍，是疗愈全家人的家庭料理。

材料|

去骨土鸡腿 2 个，切成喜欢的大小

洋葱 1 个，切丁

培根 3 片，切小片

吉尼斯黑啤酒两瓶约 800ml

汉斯番茄酱 1 罐约 400ml

月桂叶 2 片

新鲜百里香 2 支

橄榄油 1 大匙

黑胡椒适量

盐适量

糖适量

欧芹叶适量

做法|

1. 炖锅以橄榄油润锅后把鸡肉煎炒至两面上色取出。

2. 续入培根煎香，因培根与鸡腿肉都会出油，此时如觉得油太多可捞起部分油，不要丢弃可用来炒菜。

3. 放入洋葱丁炒软至呈微微透明状，然后把鸡肉加进来拌炒。

4. 倒入汉斯番茄酱拌匀，接着把黑啤酒全部倒进锅里，并把香料也放进来。

5. 炖煮约 1 个小时，途中不时捞出泡沫。

6. 试试味道，用盐及黑胡椒调整一下，也可视个人喜好酌加糖。

7. 熄火，撒上切碎的欧芹叶便可上桌。

柠檬香料烤鸡

烤鸡应景又具卖相，一上桌节庆或欢愉的气氛总是百分百。这样温暖的菜色取悦着桌边的每个人。只要家里拥有一台可以容纳整只鸡的烤箱，那么就已经成功了一半。很简单的做法赶快动手做做看。如果你的烤盘够大也欢迎加入土豆和杏鲍菇一起烤，吸饱鸡汁的配菜有时候比烤鸡本身更诱人呢！

材料 |

土母鸡 1 只
2500g

新鲜迷迭香 4 支

柠檬 1 个

橄榄油 60ml

大蒜 3 瓣

盐约 1 大匙

黑胡椒适量

做法 |

1. 把 2 支迷迭香切碎，柠檬刨下皮屑，大蒜压成泥，与橄榄油、盐及黑胡椒混合拌匀成为香料橄榄油。

2. 把柠檬对切跟剩余未切的迷迭香塞进鸡的肚子，并加入 1 匙香料橄榄油。

3. 把剩下的香料橄榄油均匀涂抹在鸡身上腌渍半小时以上。

4. 烤箱预热至 200º。

5. 把鸡放进烤盘，送入烤箱烤 40~50 分钟，中途可以蘸取烤盘中的鸡油刷在鸡身上 1~2 次。

6. 把鸡翻面，续烤 30 分钟。

7. 最后一次翻面，将烤箱温度降到 180º，续烤 10~20 分钟。用小刀或烤肉叉刺进鸡腿肉最厚的部位，流出的肉汁清澈而不带粉红色就代表鸡肉熟了。

8. 静置 10 分钟后分切，淋上烤盘中的鸡汁食用。

香草鸡腿锅

这是一道淡雅而风味紧致的西式菜色，香嫩多汁的鸡腿跟珍珠洋葱、圣女果融合释放出鲜美汤汁，非常推荐用面包蘸食汤汁，烘烤过程中总能让孩子们数度被香气诱进厨房，期待你也用这道迷人的香草鸡腿锅魅惑你的家人。

材料 |

小鸡腿 14 个

珍珠洋葱 20 个

圣女果 20 个

大蒜 3 头

迷迭香 2 支

百里香 5 支

橄榄油适量

调味料 |

白酒 50ml

盐适量

黑胡椒适量

做法 |

1. 小巧可爱的珍珠洋葱去皮备用，烤箱预热至 200º。

2. 鸡腿用盐和黑胡椒调味，铸铁锅倒入一大匙橄榄油热锅，放进不去皮的大蒜及鸡腿煎香。

3. 放入珍珠洋葱拌炒，然后把圣女果也加进来拌炒。

4. 淋上白酒待酒精略挥发后，用适量的盐及黑胡椒调味并置入香料，淋上一大匙橄榄油后熄火。

5. 整锅置入已预热 200º 的烤箱烤 20 分钟至鸡肉熟透即完成，中途记得翻拌一下。

TIPS

1. 家里如果没有铸铁锅可以用平底锅或自己惯用的锅子完成步骤 1~4，然后移入烤盘送进烤箱烘烤。

2. 如买不到珍珠洋葱可以用 1 个洋葱代替。

盐酥鸡

我常提醒男孩们少在外面买油炸的食物吃，一方面是担心店家不断重复使用的炸油产生有害物质，另一方面则是担心过度调味的问题。想想那几百公尺外都闻得到香味的炸物，难免让人联想到添加人工或化学香精的食品安全问题。为了解孩子们的馋，自家餐桌偶尔也会上演令人难以抗拒，媲美夜市等级的盐酥鸡。

材料 |

土鸡胸肉 1 块

木薯粉（地瓜粉）
适量

耐高温的植物油
适量

腌料 |

大蒜 2~3 瓣，
压成泥

酱油 2 大匙

米酒 1 大匙

糖 0.5 大匙

白胡椒粉适量

五香粉适量

做法 |

1. 把鸡胸肉切成约 3×3cm 大小，以腌料腌至少 20 分钟入味。

2. 鸡胸肉沾裹上地瓜粉后静置 5~10 分钟，待其反潮再油炸会更酥脆。

3. 热油锅让油温上升至约 180º（用筷子插入油中会有小气泡往上升），然后分批把鸡胸肉一块一块放入油中炸至皮酥约九分熟，用网勺捞起静置 5 分钟。

4. 转大火把油温提至高温，再度把鸡肉放进油锅炸 10~20 秒抢酥，此动作也可把多余的油逼出。

5. 将鸡肉用网勺捞起沥干油，并平铺于烤网上摊凉，请不要省略这个步骤，这是维持鸡块香酥的重点哦！

6. 撒上适量的白胡椒就完成咯！

TIPS

1. 腌料内也可加入 0.5 大匙的太白粉让炸出来的鸡块肉质更软嫩。

2. 喜欢九层塔的朋友可在最后鸡块捞起后，放入洗净沥干的九层塔快速炸一下捞起，搭配鸡块更有夜市风。

香煎鸡排

鸡胸肉排经过拍薄后因为整体厚度一致，不仅较易掌握熟度，而且拍薄后的肉质也更软嫩多汁。这里的做法是基础版，你绝对可以额外加入任何自己喜欢的香料来调味。如果搭配生菜沙拉就是一道简单，养眼又美味的主菜。

材料 |

土鸡胸肉 1 块
盐适量
黑胡椒适量
橄榄油 2 大匙

做法 |

1. 把鸡胸肉从中剖开分切成两片，在每片肉厚处用蝴蝶刀法使肉的厚薄尽量一致，然后覆上烘焙纸或保鲜膜用锤肉棒拍薄。

2. 接着用适量盐跟黑糊椒调味，平底锅入橄榄油加热，把两面煎上色至八到九分熟（用筷子插入不流粉红色肉汁）即完成。

TIPS

蝴蝶刀法就是从肉厚处先划一刀不切断鸡肉，然后再用平刀或斜刀把左右两边的鸡肉切薄。

盐曲鸡柳佐蜂蜜芥末籽酱

盐曲是由米曲、盐和水混合，经时间发酵而成的调味品。它的咸度较食盐低，味道也比较温润醇厚，而且曲中含分解酵素有分解蛋白质的作用。因此除了软化肉质外，还能提升食物的鲜美并有回甘的风味，是近期煮妇为之着迷的调味良品。这里用盐曲软化鸡胸较干柴的肉质，香煎后口感酥酥嫩嫩，蘸点香甜蜂蜜芥末籽酱多添一抹浓醇好滋味。

材料 |

鸡胸肉 1 块

盐曲 2~3 大匙

中筋面粉适量

橄榄油 8 大匙

喜欢的生菜适量

酱料 |

芥末籽酱 1 大匙

美乃滋 1 大匙

蜂蜜适量

做法 |

1. 鸡胸肉洗净擦干水分，肉厚处可划直刀把肉摊成约一致的厚度，然后分切成条状。

2. 把肉放进容器中加入盐曲按摩至每一块肉均沾裹上盐曲，加盖放进冰箱冷藏约半天。

3. 把面粉倒进浅盘，接着把每片鸡胸肉沾上一层面粉并把多余的面粉拍掉。

4. 平底锅放进 4 大匙橄榄油加热至中温（约180º），把一半的鸡柳放进锅里，每面约煎 3 分钟，用筷子穿刺后不流粉红色肉汁就可以把鸡柳取出放到网架上摊晾。

5. 用厨房纸巾把平底锅擦干净，重复步骤 4 煎完剩下的鸡柳。

6. 把所有酱料拌匀，试试味道并稍加调整。

7. 将鸡柳盛盘衬上生菜、芥末籽酱即可上桌。

一人一根大口撕！

迷迭香煎羊排佐炙烤蔬菜

羊排其实很好料理，窗台上新鲜采摘的迷迭香切碎后是最迷人的香料，不仅掩饰了羊肉特有的气味也提升了整体层次。海盐增甜，黑胡椒添香，只要多练习几次就能掌握自己喜欢的熟度。搭配以铸铁烤盘烤熟的甜豆、西葫芦、圣女果、红黄甜椒，微带炭烤味的蔬菜比起肉来毫不逊色，惹人食指大动。

铺上一条洁净而熨烫挺直的白桌巾，香香的气息与无瑕的方寸间放上简单烹调的美味，自家餐桌就能营造出宛若法式小餐馆的优雅氛围。

材料 |

小羊排 6 根

迷迭香 2~3 支，
切碎

海盐适量

黑胡椒适量

甜豆 1 小把

西葫芦 1 根，
切片

圣女果 10 来个

红甜椒 0.5 个

黄椒 0.5 个

橄榄油适量

做法 |

1. 羊排用厨房纸擦干水分，用盐调味并撒上迷迭香碎备用。

2. 铸铁横纹平底锅以橄榄油润锅后加热至高温，然后把羊排依序放进锅中，每面约煎 1 分钟（四个面都要煎）锁住肉汁，然后续煎至自己喜欢的熟度。

3. 熄火撒上黑胡椒即可起锅。

4. 原锅酌加适量橄榄油加热后依序分批放进蔬菜炙烤，最后用盐跟黑胡椒调味即完成。

5. 羊排和蔬菜依自己喜欢的方式组合就可上桌。

TIPS

1. 用一般平底锅也可以，只是少了股炭香味。

2. 羊排煎烤的时间跟肉的厚度有关，请自行斟酌时间，多练习几次就能掌握自己喜欢的熟度。

3. 蔬菜煎烤至颜色转艳、口感爽脆即可起锅，切勿煎过头成软烂口感。

菜色的搭配与安排

对煮妇来说如何搭配菜色应该是一门让人绞尽脑汁的功课。我们是四口之家，我与爱人晚餐吃得少也几乎不碰淀粉类主食，所以原则上我开的菜单会主要考虑成长中的男孩。刚开始的确有点困难，因为厨艺不佳相应的餐桌变化也比较少，随着自己的经验与渐有所长的手艺，慢慢累积与归纳出几个原则让我很快就能想好当日菜色。

营养均衡：均衡的营养对成长中的孩子非常重要，日常晚餐我通常会以一主食、一肉、一海鲜、一蔬菜、一水果的原则来搭配。然后再以亚洲或异国料理方式来做转换与变化，如此一来不仅营养饱足，同时也兼顾了口腹之欲。比如牛肉在中式可做成青椒炒牛肉，西式嫩煎佐点盐花就非常美味；鲜鱼清蒸、红烧、干煎都很好，做成意式水煮鱼、香料烤鱼、纸包鱼则充满异国风情。多多尝试不同的料理方法，餐桌上的变化其实就在我们的掌握之中。

从一道主菜或主食材延伸联想搭配：一道吸引我的主菜或主食材可能是孩子们提前预订的，也可能是买菜的时候摊商特别推荐的；可能是翻看食谱得来的灵感，也可能是在餐厅吃到想要在家复制的菜色，总之以此为起点进而延伸出其他菜色搭配，菜单的安排是不是就简单多了？

以家人口味为优先考虑：我希望营养均衡并且充满变化，但一切还是要符合家人口味。比如我家男生们不爱吃辣，我就少做红艳香辣的料理。喜欢酱色赤浓的肉类料理，我会搭配清蒸、爽脆或凉拌的。对于偏食我用引导渐进的方式期待他们接受，不会特别强迫，毕竟吃饭是件快乐的事，用其他营养相近的食材来取代一样皆大欢喜啊！

繁简参半：下班后为了能在短时间内上菜，简单、美味的菜色绝对是首选。炖煮类料理建议可以在假日先做好，然后分装冷冻，期间只要解冻加热就能快速上桌，这是一种常备菜的概念。如有备料比较花时间或做工太繁复的菜色，我会搭配烘烤、氽烫、清蒸等简易菜色。善用厨房工具，力求在一定时间内开饭，不让家人饿肚子也是一门大学问。

以上我通常抓住一两个原则来做安排，然后我会去思考、去想象食客们吃到时的愉悦表情。了解家人的喜好，想象家人吃到的笑脸，总能让我轻易决定餐桌菜色。"人"才是决定料理是否美味的关键，这是我始终深信不疑的。

当然如果这本食谱书能帮助你快速拟定菜单，我会感到非常之荣幸（笑）。

西班牙腊肠炒鲜虾
干烧鲜虾仁
明太子焗烤明虾
西班牙橄榄油蒜味虾
烧酒虾
蛤蜊丝瓜
法式乡村风西葫芦炒鲜虾
泰式凉拌海鲜
鲜虾仁豆腐煲
泰式炸虾饼
清蒸鳕鱼
意式烤海鲜
薄荷香蒜椒盐鱿鱼
炙烤鱿鱼
盐煎三文鱼佐百香果橙酱
意式水煮鱼
纸包鱼
泰式柠檬鱼
煎干贝
桂花炒蟹
奶油白酒焖蛤蜊
蒜茸蚝汁蒸扇贝
日式酥炸牡蛎佐塔塔酱

海鲜 SEAFOOD

西班牙腊肠炒鲜虾

西班牙腊肠（Chorizo）带有大蒜味和烟熏味，口感扎实有嚼劲，具备浓郁的香气和芬芳的油脂，用来入菜风味绝佳，更是西班牙海鲜饭不可或缺的食材。我把它跟鲜虾同炒，加入两支百里香，再炝入少许白酒，海陆双栖的异国风情，好吃极了！

材料 |

鲜虾约 600g

西班牙腊肠 1~2 根

大蒜 2 瓣

百里香 2 支

橄榄油 2 大匙

白酒 2 大匙

盐适量

黑胡椒适量

欧芹适量

虾腌料 |

白酒、盐、白胡椒
适量

做法 |

1. 鲜虾去头去壳去肠泥，以腌料略腌，西班牙腊肠切片，大蒜切片，欧芹切碎备用。

2. 橄榄油热锅后煎香蒜片、西班牙腊肠。

3. 把百里香放入炒香后续入鲜虾翻炒。

4. 炝入白酒后烧至鲜虾九分熟用盐和黑胡椒调味。

5. 盛盘撒上欧芹末即可上桌。

干烧鲜虾仁

四季轮回本该有各自的面貌，食物也是，应该被得景宜时运用，适材适所。我们透过不同的烹调方式创造季节味道。当天气冷飕飕时，把虾仁做成较厚重的干烧风味，是一种抵御寒冷的好办法。扒上一口白饭，幸福的因子在口中跳动，救赎了一天的疲顿。

材料 |

鲜虾约 25 只

洋葱 0.25 个

圣女果约 10 个

香葱 2 根

姜末 1 小匙

蒜末 1 小匙

色拉油 100ml

调味料 |

豆瓣酱 2 小匙

番茄酱 4 大匙

开水 3 大匙

酱油 1 大匙

砂糖 1 大匙

芝麻油几滴

虾仁腌料 |

盐适量

米酒适量

白胡椒适量

蛋白 0.5 个

太白粉 2 小匙

做法 |

1. 鲜虾去头去壳留虾尾，纵切一刀开背 (不要切断) 去肠泥，加入腌料略腌备用。

2. 洋葱切末，圣女果对半切，香葱切末并把葱白葱绿分开。

3. 锅中倒入约 100ml 的油加热至约 170º(中温)，把虾仁分两批泡油至表面金黄约八分熟，取出备用。

4. 锅中留少许油炒香葱白、蒜末及姜末，续入豆瓣酱炒香。

5. 把洋葱跟圣女果加入炒软。

6. 续入芝麻油以外的调味料煮沸，将虾仁加入拌匀至熟。

7. 滴进芝麻油，熄火，撒上葱绿盛盘。

明太子焗烤明虾

明太子其实就是鳕鱼卵。一直被大家误认为来自日本的它其实源自于韩国。大约在第二次世界大战后，日本人把韩国人做的辣鱼子改良并变化出许多不同风味。"明太子"到了日本人手里，便这样从粗糙的食物转变成料理精品。咸香口感可以生吃，也适合烤熟或入菜，日本居酒屋最常见到明太子料理。

我突发奇想把它与明虾结合，石榴季时缀上几颗红宝石般的石榴子，转身成为漂亮又层次丰富的宴客菜。

材料 |

明虾 8 只

明太子 1 个

美乃滋适量

帕马森奶酪
适量

石榴籽少许
(可省略)

欧芹叶少许，
切碎备用

做法 |

1. 烤箱预热至 180º。

2. 明虾开背清掉肠泥并用刀在虾肉上横画 2~3 刀以防虾肉卷曲。

3. 明太子切开薄膜用刀背刮下鱼卵，跟美乃滋以 1:1 的比例拌匀，涂抹在虾肉上，并刨上少许帕马森奶酪，放进烤箱烤 8~10 分钟，或至虾肉熟透。

4. 从烤箱取出盛盘后撒上切碎的欧芹叶，点缀些许石榴籽，立刻上桌趁热食用。

西班牙橄榄油蒜味虾

听说橄榄油蒜味虾是西班牙餐馆 Tapas 中点菜率最高的菜品，老实说我没有在任何餐厅点过这道菜，会开始习做是因为看了旅游频道介绍西班牙传统料理，其中的橄榄油蒜味明虾深深吸引着我。厨师用小小的 staub 铸铁锅做着两人的小分量，我在电视机前好像都能闻到香气。后来自己学着做倒是很快就上手，沾满蒜香橄榄油的鲜虾香甜得没话说，搭着蒜片吃更是绝配，酱汁非常适合用面包来蘸食。

材料 |

鲜虾 1 斤，
去头去壳去肠泥

大蒜约 7 瓣，
切片

橄榄油 4 大匙

奶油 1 大匙

盐适量

黑胡椒适量

欧芹适量，
切碎

虾腌料 |

白酒适量

盐适量

白胡椒适量

做法 |

1. 虾用腌料略腌备用。

2. 平底锅倒入橄榄油和奶油加热，放入蒜片以中小火慢煎蒜片至呈金黄色 (10~15 分钟)。

3. 转中火放入鲜虾拌炒至虾熟，然后用盐及黑胡椒调味。

4. 熄火盛盘撒上欧芹。

烧酒虾

台味十足的烧酒虾是天冷时滋补的汤品，酒香与中药材增添淡雅气息，如果不是顾虑胆固醇，我估计可以吃掉一整锅哪！

材料

活虾 0.5 斤

当归 2 大片

枸杞 0.5 大匙

盐 0.5 小匙

水 250ml

米酒 250ml

做法

1. 活虾剪须、去肠泥洗净备用。

2. 把水、当归、枸杞、盐放入锅内煮沸后转中小火煮 5 分钟让中药材出味。

3. 把酒加入步骤 2 中备料煮沸，转小火续煮 5 分钟让酒精挥发。

4. 把活虾放入锅中煮至颜色转红虾肉熟透，约 3 分钟，即可熄火上桌。

Banana Cooking Classes

| 30分钟完全攻略之蛤蜊丝瓜 |

S 丝瓜要怎么煮颜色才会漂亮不发黑？

B 用短时间快速蒸煮的方式，不要煮过头颜色看起来自然漂亮又美味。

S 蛤蜊的比例该怎么拿捏呢？我可以加一大堆蛤蜊下去吗？

B 如果很喜欢吃蛤蜊当然可以。

S 丝瓜本身会出水，该加多少水才不会失去丝瓜的甜味呢？

B 少许，沿锅边浇一圈应该就够了。

蛤蜊丝瓜

材料 |

丝瓜 1 根

蛤蜊 0.5 斤

大蒜 1 瓣

嫩姜 3 片

水 60ml

盐适量

油适量

做法 |

1. 丝瓜切片，蛤蜊吐净沙，大蒜切片备用。

2. 冷锅冷油转中小火放入蒜片煎香，续入姜片炒至香气释出。

3. 投入丝瓜略微拌炒，把水加入后盖上锅盖煮至锅边冒出蒸气。

4. 打开锅盖放入蛤蜊后再次盖上锅盖，煮至蛤蜊壳开约 3 分钟，熄火试试味道，以盐调味即完成。

切记！丝瓜皮一定要削到丝瓜都隐约快变白的部分，吃起来才会嫩嫩的，就像我的皮肤一样！

法式乡村风西葫芦炒鲜虾

逛超市看到新鲜香草随手带回已成习惯，冰箱里这些娇客常常启发着我做菜的灵感。罗勒的香气除了比九层塔柔和之外还带有一些甜味，入菜优雅而讨喜，我家小哥特别喜欢。不久前在杂志上看到类似的虾料理照片，我用自己的想象做出很满意的口感。翻炒时镬气醉人，熄火再下罗勒叶，红红绿绿好看极了，厨房逸出香香的异国风情，让人不用出门也有浓浓小酒馆风情。对了，我很爱用圣女果来入菜，口感比圣女果细致多了。

材料 |

鲜虾约 600g

西葫芦 1 根

圣女果 12 个

大蒜 2 瓣

新鲜罗勒叶适量

盐适量

黑胡椒适量

橄榄油 2 大匙

虾腌料 |

白酒适量

盐适量

白胡椒适量

做法 |

1. 鲜虾去头去壳留虾尾，背开一刀取出肠泥以腌料略腌备用。

2. 西葫芦切小块，圣女果对切，大蒜切片（或切碎），罗勒去茎取叶略切。

3. 平底锅倒入 1 大匙橄榄油加热，放进鲜虾煎至虾肉一转红立刻取出。

4. 原锅续入 1 大匙橄榄油，放进大蒜煎至金黄，接着把西葫芦加入拌炒约 1 分钟。

5. 加入圣女果拌匀，然后把虾也放进来拌炒，以盐跟黑胡椒调味。

6. 熄火，投入罗勒叶拌匀就可起锅，盛盘缀上罗勒叶就完成了。

TIPS

快速翻炒掌握熟度是重点，炒过头了西葫芦偏软，虾肉也会太老哦。

泰式凉拌海鲜

炎炎夏日常觉食欲不振，酸、咸、香、辣的泰式料理确实能提振食欲。虽然男孩们不嗜辣但仍偶尔陪妈妈上馆子吃泰国菜解馋，自家凉拌海鲜我会做成两种版本，不辣是孩子们的，香辣版本自然是大人们恋着的。

材料 |

鲜虾 0.5 斤

鱿鱼中型 1 只

圣女果 8 个

香茅 1~2 支

洋葱 0.25 个

芹菜 1 根

大蒜 2~3 瓣

辣椒 1 支

香菜叶适量

调味料 |

鱼露 2 大匙

柠檬 1~1.5 个，榨汁

椰糖 2 大匙

泰式辣椒酱适量(可省略)

做法 |

1. 鲜虾去头去壳留虾尾，开背后把肠泥清干净，鱿鱼剖开清除内脏后在内面画斜刀，并切成适口大小。

2. 圣女果对切，香茅用刀背轻拍根部后切段，洋葱切细丝后泡冰水，辣椒切片，大蒜切碎。

3. 煮沸一锅水，把鲜虾跟鱿鱼分别煮熟后立刻捞出泡冰水。

4. 把所有调味料放进大碗中拌匀，海鲜沥干水分后放进碗里，续入圣女果、香茅、沥干水分的洋葱、辣椒跟大蒜拌匀移入冰箱冰镇至少 30 分钟。

5. 从冰箱取出后拌入香菜叶就可盛盘上桌。

鲜虾仁豆腐煲

基本上豆腐在我们家不是很受欢迎的食材。爱人只爱冷豆腐，男孩们几乎不吃，我则是因为吃了豆类制品肠胃会有胀气不适的状况敬而远之。鸡蛋豆腐应该是唯一全家都可接受甚至喜爱的一款，所以我的豆腐类料理几乎只使用鸡蛋豆腐。简单两面煎上色撒一点优质海盐或是蘸酱油膏就好吃极了，有时间的话我会做成虾仁豆腐煲为餐桌增添变化，有家常菜升级为宴客菜的感觉呢！

材料 |

鸡蛋豆腐 2 盒

鲜虾约 20 只

葱 1~2 根切末，
葱白跟葱绿分开

姜末 1 小匙

油约 3 大匙

调味料 |

蚝油 2~3 大匙

酱油适量

白胡椒粉适量

太白粉约 1 大匙

水适量

虾仁腌料 |

米酒适量

白胡椒适量

盐适量

做法 |

1. 鲜虾去头尾去壳，挑去肠泥后以腌料略腌约 10 分钟。

2. 鸡蛋豆腐切成大小适中的方块，平底锅倒入 1 大匙油加热后，放入鸡蛋豆腐煎至两面金黄取出备用。

3. 同锅再加入一大匙油加热后，把虾仁倒入拌炒约六分熟，取出备用。

4. 砂锅 (或铸铁锅) 以一匙油加热后，倒入葱白跟姜末爆香，把所有调味料拌匀后倒进锅里 (水约至食材的八分满) 煮沸。

5. 把豆腐倒进砂锅里煮至入味，续把虾仁倒入再煮约 3 分钟，试试味道做最后调整，然后熄火，撒上葱绿上桌。

泰式炸虾饼

我家小弟虽不爱吃泰国菜但唯独钟情于炸虾饼，一个人可以吃掉完整一份。妈妈为他特制的虾饼多汁、美味又鲜甜，深得他欢心。

材料 |

鲜虾仁 550g

猪五花肉末 100g

白胡椒适量

蚝油 0.5 大匙

鱼露 1 小匙

面包粉适量

炸油适量

蜂蜜梅子醋酱 |

蜂蜜 2 大匙

梅子醋 1~1.5 大匙

两者混合调匀就可以

做法 |

1. 把虾仁剁碎（不要剁太细，口感较好），猪肉末则尽可能剁细一点。

2. 把虾肉、猪肉末、白胡椒粉、蚝油跟鱼露混合，搅拌均匀也可适度摔打至出筋。

3. 手上沾点水，把混合均匀的馅料捏成圆球状，大约可做 9 个。

4. 取一浅盘倒入面包粉，把虾球均匀沾裹上面包粉并略压成饼状。

5. 平底锅倒入约 1cm 高的炸油烧热至中温（约 180°），放进虾饼炸至两面金黄后取出，然后置于网架上沥油并稍微摊晾。

6. 摆盘上桌，搭配蜂蜜梅子醋酱（或泰式鸡酱）食用。

Banana Cooking Classes

|一次就搞懂之清蒸鳕鱼|

(S) 鳕鱼需要刮鱼鳞吗?

(B) 因为鳕鱼的鳞非常细,所以基本上可以不用刮鱼鳞,
但我还是会用刀把鱼鳞刮干净,个人觉得这样口感
比较好。

(S) 鳕鱼除了用葱姜清蒸外还有其他蒸法吗?

(B) 可以淋上2大匙树子的汤汁跟1.5
大匙的树子入蒸锅蒸,起锅后撒
上葱丝淋上热油就是好吃的树子
蒸鱼哦。

鳕鱼可是我的拿手好菜!
因为很简单!

清蒸鳕鱼

材料

鳕鱼 1 片

盐适量

米酒适量

嫩姜 3 片

香葱 1 根

柠檬风味初榨橄榄油
(可省略)

做法

1. 用刀把鳕鱼皮上细细的鱼鳞刮除并洗干净。

2. 把鳕鱼放进蒸盘用米酒和盐略腌，将香葱切段跟嫩姜一起铺在鱼肉上。

3. 放入蒸锅中蒸 10~15 分钟 (视鱼片大小)，鱼肉转白用筷子可以轻易穿刺鱼身即可取出。

4. 滴几滴柠檬风味初榨橄榄油 (可省略)，缀上香葱丝趁热享用。

老娘真的超级
佩服自己！

意式烤海鲜

烤箱料理是我忙碌时的救星。这道烤海鲜可以在平日享用，宴客时红绿黄的卖相也很讨喜，我想应该列入不失败的烤箱菜才对。

材料

大虾 12 只
约 400g

速冻鱿鱼 1 只

培根 4 片

柠檬 1 个

圣女果 10 个

大蒜 2 瓣

白酒 2 大匙

西班牙红椒粉
0.5 大匙

橄榄油 2 大匙

欧芹叶适量

盐适量

黑胡椒适量

做法

1. 烤箱预热至 180º。

2. 大虾去肠泥洗净后擦干水分，鱿鱼解冻后清除内脏切成圈状并擦干水分。

3. 柠檬切成舟状，圣女果对切，大蒜轻拍不去皮。

4. 取一大烤盘把大虾、鱿鱼、圣女果、大蒜放进来，接着加入白酒、红椒粉和 1 大匙橄榄油拌一拌后尽量平铺在烤盘上，不要重叠。

5. 把柠檬角穿插在烤盘空隙，以适量盐和黑胡椒调味并淋上剩余的橄榄油。

6. 把培根随意覆于食材上，放进烤箱烤 15~20 分钟至食材熟透。

7. 取出烤盘撒上撕碎的欧芹叶。

薄荷香蒜椒盐鱿鱼

鱿鱼想做椒盐口味但又想呈现西式风格怎么办？杰米·奥利弗的疗愈食物里有道椒盐墨鱼的照片看起来美得像幅画，它给了我灵感，我大概参考了一下做法然后用自己的方式完成了这道"薄荷香蒜椒盐鱿鱼"。原本对薄荷在这道菜里扮演的角色有些疑惑，但品尝之后发现不但没有违和感，而且有画龙点睛之妙很是清新迷人。强烈建议每一口务必包含所有配料，层层爆发在口中的滋味实在太棒了！

材料

鱿鱼 1 只

大蒜 4 瓣，去皮
切成约 0.1cm 薄片

薄荷 1 小把

辣椒 2 根

香葱 2 根

中筋面粉适量

蔬菜油适量

盐适量

白胡椒适量

做法

1. 鱿鱼洗净去皮，切开清除内脏后擦干水分，在内部划斜纹刀痕并切 2.5~3cm 大小备用。

2. 大蒜去皮切成约 0.1cm 薄片，薄荷摘下叶子泡水，辣椒剖开去籽后切成条状，香葱切丝泡水备用。

3. 中筋面粉加入盐跟白胡椒拌匀，把每一片鱿鱼沾裹上面粉。

4. 平底锅倒入 1~2cm 高的油加热至约 180º 后把蒜片放入煎至金黄取出，续入鱿鱼煎 1~2 分钟后翻面煎熟，取出置于铺上厨房纸的容器里吸油，接着把辣椒也放入煎至金黄上色。

5. 把鱿鱼、蒜片、辣椒在碗里混合，试试味道，用盐跟白胡椒做最后调整。

6. 盛盘，随意撒上沥干撕碎的薄荷叶、葱丝即可。

炙烤鱿鱼

我常在想，如果所有的食物都能这么简易烹调
而又如此美味，那真是造福人类啊！

材料 |

速冻鱿鱼 1 只
盐适量
黑胡椒适量
柠檬 1 个
橄榄油适量

做法 |

1. 把鱿鱼的头跟身体分开，头剖开，去掉眼
   睛跟嘴巴，把身体里的软骨抽出来，内脏
   清除干净，洗净后擦干水分。

2. 铸铁烤盘或平底锅 (也可以用一般平底锅替
   代，但就没有炭香味了) 以橄榄油加热至高
   温，将鱿鱼放进锅里煎烤。

3. 鱿鱼单面煎上色后再翻面续煎，煎至两面
   都上色并熟透，千万不要煎过头不然会有
   橡皮筋般嚼不动的口感。

4. 熄火转入适量现磨海盐及黑胡椒。

5. 切成圈状盛盘后刨上柠檬皮屑，食用前挤
   入适量柠檬汁。

TIPS

锅子要维持在高温的状况才会有炙烤的炭香味。

盐煎三文鱼佐百香果橙酱

三文鱼其实干煎就很好吃。用一点点橄榄油热锅，如果三文鱼的油脂够多有时候我甚至干锅加热。皮朝下煎至油脂慢慢渗出表皮酥脆，翻面之后煎至九分熟，此时肉嫩多汁不干柴是最完美的熟度。我也喜欢用时令水果熬煮酱汁来做搭配，酸中带甜的水果香气清爽了肥美的三文鱼。

盐煎三文鱼材料 |

三文鱼 1 片

盐适量

黑胡椒适量

橄榄油适量

做法 |

三文鱼洗净擦干后用盐和黑椒椒调味，平底锅加入少量橄榄油加热 (如果三文鱼油脂够多可不加橄榄油)，放进三文鱼两面煎上色并至九分熟就可起锅。

百香果橙酱材料 |

百香果 4 个，
对剖把果肉取出

柳橙 1 个，
榨汁备用

君度橙酒 1 大匙

糖适量

无盐奶油约 15g

做法 |

1. 把除奶油外的材料放入锅中，以中火煮沸后转小火熬煮至约原来的一半。

2. 试试味道，用糖调整至自己喜欢的酸度。

3. 把奶油加入融化，增加稠度。

4. 用滤网把百香果籽滤掉即完成。

组合

浅盘内用百香果橙酱衬底，把三文鱼皮朝下摆入后再淋上少许酱汁，轻撒切碎欧芹叶，也可以缀上少许绿色蔬菜增添美感。

意式水煮鱼

摆脱中式少不了的葱姜烧法，水煮鱼的鲜味除了鱼之外还有蛤蜊来加乘。圣女果、洋葱是甜味的来源，大蒜、白酒增添香气，黑橄榄则提供不同层次的咸味，集鲜、甜、咸、香于一锅。汤汁是蘸面包、拌面的珍宝，从未遇过负评每次都能掳获人心，也是我私心钟爱的鱼料理。

材料 |

真鲷中型 1 条
或小型 2 条

蛤蜊 0.5 斤

圣女果 10 个

洋葱 0.5 个

黑橄榄
（或绿橄榄）8 个

大蒜 2 瓣

橄榄油 2 大匙

白酒 4 大匙

水 1 杯

盐适量

黑胡椒适量

欧芹叶适量

做法 |

1. 将真鲷鱼鳞清理干净，鱼腹里的骨血刮干净，洗净擦干薄撒一层盐调味。

2. 洋葱切细末，圣女果对半切，大蒜去皮，欧芹叶切碎备用。

3. 平底锅加入橄榄油加热，把鱼滑进锅里，并投入大蒜，鱼两面煎上色，大蒜注意别煎过头会有苦味。

4. 把鱼轻轻拨到一边，放入洋葱末拌炒至香气释出。后淋上白酒煮沸后续烧至酒精挥发只留香气，接着把水倒入煮至沸腾，转中小火煮至汤汁呈乳白色。

5. 续入蛤蜊、圣女果、黑橄榄后盖上锅盖煮至蛤蜊壳张开，圣女果变软。

6. 试试味道，用盐和黑胡椒做调整后便可熄火。

7. 盛盘撒上欧芹叶即完成。

纸包鱼

用烘焙纸包裹食材放进烤箱烹调熟化最能保留食物的原汁原味。忙碌时我喜欢用这样的方式烹煮鱼。撕开纸包一下子窜出的香气让人唾液瞬间分泌 (流口水了)，简单却不怠慢脾胃呢！

材料

红目鲢 2 条
(或真鲷、红条等海鱼皆可)

蛤蜊 12 个

圣女果 6 个

柠檬 1 个

百里香 4 支

黑橄榄或绿橄榄 6 个

白酒 50ml

盐适量

黑胡椒适量

烘焙纸 1 张，
裁成约所有食材的
两倍大小

做法

1. 烤箱预热至 200º。

2. 把鱼腹清干净骨血也要用刀刮干净，洗净并擦干鱼身。将圣女果对切，柠檬切片备用。

3. 烘焙纸平铺在料理台面上，把鱼平放在纸的中间位置，在鱼腹内抹上一层薄薄的盐，将 2/3 的柠檬片、百里香、橄榄分别塞进鱼腹中。

4. 把西红柿、蛤蜊摆放在鱼的周围。

5. 撒上适量黑胡椒及盐并把白酒淋上。

6. 把烘焙纸两侧往上提起折密，头尾卷成如糖果状形成中间保留些许空间的密闭状。

7. 放进烤盘送进烤箱，烤 15~20 分钟至鱼肉熟透。

8. 从烤箱取出后剪开烘焙纸，缀上剩余的柠檬片。

9. 把红目鲢鱼皮撕开，挤进柠檬汁趁热食用。

泰式柠檬鱼

我年轻那会很流行泰国菜，街头泰式餐厅如雨后春笋般鳞次栉比。当时的男友（现在的爱人）带我尝遍台北市知名的泰式餐厅，泰式柠檬鱼酸香爽口是我必点的菜色，结婚后爱人才坦承告知他其实不太敢吃辣，哈哈好可怜，牺牲真大。

把鱼腹内的骨血刮干净，蒸出来的汤汁便鲜而不腥，保留部分汤汁再淋上泰式风味酱，简单呈现浓浓泰国味，一定要试试。

材料 |

鲈鱼 1 条

大蒜切末 5 瓣

大红辣椒切末 1 个
（嗜辣者可用朝天椒）

香菜 1~2 根

柠檬 1~2 个

鱼露 3 大匙

姜 3 片

盐适量

做法 |

1. 鲈鱼去鳞后把腹中骨血刮除干净，洗净后擦干鱼身，薄薄抹上一层盐，放上姜片入蒸锅蒸约 13 分钟，蒸的时间需视鱼的大小调整。

2. 香菜把梗跟叶分开，梗切末，与大蒜、辣椒、柠檬汁、鱼露混合备用，试试味道，可依自己的喜好做调整。

3. 鱼蒸熟后把姜片丢弃，保留部分汤汁，把步骤 2 中的备料淋上再蒸约 2 分钟，注意别把香菜蒸黄了。

4. 撒上香菜叶缀上柠檬片就完成了。

Banana Cooking Classes

| 让你从初学者变三星主厨之煎干贝 |

(S) 我煎的干贝为什么会缩水变好小？

(B) 冷冻干贝一定要提前放冷藏室完全退冰，而且要用纸巾把水分吸干。

(S) 为什么煎出来的干贝吃起来有点柴？

(B) 一定要在高温的状态下下锅，如此才能锁住美味。如果锅子温度太低干贝会不断出水流失精华，口感就不佳了。

(S) 怎么煎出餐厅等级的干贝？

(B) 生食级干贝只要煎至两面焦糖化上色就可以起锅，煎太久干贝会缩水，口感也会变得干柴。

煎干贝

材料

生食级干贝

三文鱼卵适量

橄榄油适量

欧芹叶适量

海盐适量

做法

1. 干贝完全退冰后用厨房纸彻底把水分吸干。

2. 平底锅入橄榄油润锅加热至高温后放入干贝，维持大火先不要翻面。

3. 煎至表面呈现漂亮的焦色后翻面续煎。

4. 另一面也煎至微焦上色就可起锅，此时大约是九分的完美熟度。

5. 盛盘后以适量海盐调味并缀上三文鱼卵，撒上切碎的欧芹叶，完美上桌。

好吃到老娘
想转圈圈了！

桂花炒蟹

我们是热爱海鲜的家族，秋蟹肥美时必定到渔港挑选蟹黄超多的沙母蟹来打牙祭。清蒸佐姜酒醋汁已经风味迷人，先油炸后以葱跟洋葱拌炒出香气，最后淋下蛋液收束精华的做法也是一绝。蟹黄香，蟹肉甜，伴着双葱与蛋液一起品尝，秋天的滋味尽在盘中，是足以让人不顾形象的吮指美味啊！

材料 |

沙母蟹 2 只
约 2 斤重

洋葱 2 个

鸡蛋 4 个

葱 2 根

面粉适量

油适量

蚝油 1~2 大匙

水适量

做法 |

1. 沙母蟹洗净后把蟹壳拔开，蟹黄取出放进碗里，蟹钳取下后用刀背略拍，然后把蟹身切大块备用。

2. 洋葱切丝，香葱切段，并把葱白跟葱绿分开，把鸡蛋打入碗中混合均匀。

3. 蟹肉的切口沾上面粉，蟹黄也拌入适量面粉。

4. 油倒入锅中加热至中温，放进蟹肉炸至八分熟取出，续入蟹黄也炸至八分熟取出。

5. 油锅留下 2 大匙油，将葱白跟洋葱入油锅炒至微微透明状，续入螃蟹、蟹黄翻炒。

6. 接着倒入适量蚝油继续拌炒，然后倒入适量的水炒至螃蟹熟透。

7. 试试味道调整一下，倒入混合过的蛋液拌匀，最后拌入葱绿即成。

一刀未剪，真实呈现
扫我看终极杀手影片示范

奶油白酒焖蛤蜊

蛤蜊如果够新鲜只要把沙吐干净，淋一点白酒焖至壳开就已经鲜甜到令人销魂。但我喜欢用橄榄油炒香蒜碎、红葱头让风味更有层次。最后加一块奶油使汤汁乳化更醇厚，搭配烤得香酥的长棍面包，不管当作早午餐或晚餐都已然过瘾至极。

材料 |

蛤蜊 900g

橄榄油 2 大匙

大蒜 2 瓣，切碎

红葱头 3 个，切片

白酒 150ml

奶油 30g

黑胡椒适量

盐适量

欧芹叶适量，切碎

做法 |

1. 用橄榄油热锅后加入大蒜煎香，续入红葱头炒软释出香气。

2. 倒入蛤蜊翻炒后淋下白酒，盖上锅盖以中火煮至壳开。

3. 加入奶油拌匀后用黑胡椒调味，试试味道，如觉得不够咸可酌情加盐。

4. 熄火，撒上欧芹叶就可上桌了。

蒜茸蚝汁蒸扇贝

用橄榄油香煎后撒一撮盐，一点黑胡椒的偏西式做法，是我比较常用的扇贝料理做法。偶尔用粤式餐厅蚝汁来蒸炊的方式，既亲切又下饭，也许因为更贴近东方胃，总让家人回味无穷。

材料 |

北海道速冻
帆立贝 8 个

香葱 2 根，
切丝泡水备用
米酒少许

大蒜 4 瓣，切碎

蚝油 2 大匙

水 4 大匙

黑胡椒适量

白胡椒适量

色拉油适量

做法 |

1. 帆立贝用米酒略腌后排入盘中。

2. 蚝油与水调匀并拌入切碎的蒜茸。

3. 把步骤 2 中的酱料淋在帆立贝上放入蒸锅蒸 3~5 分钟取出。

4. 葱丝沥干摆放在每颗帆立贝上并撒上黑胡椒和白胡椒。

5. 锅中入色拉油加热后把热油淋在葱丝上即完成。

感觉我婆婆会很喜欢，赶快学起来巴结她。

日式酥炸牡蛎佐塔塔酱

酥酥的牡蛎蘸上塔塔酱热热地送进嘴里，鲜美海味瞬间在口中爆浆，十分享受，但是要小心烫口哦。

炸牡蛎材料 |

冷冻日本广岛牡蛎约 600g，解冻备用

柠檬 1 个

中筋面粉 0.5 杯

鸡蛋 2 个

面包粉 1.5 杯

耐高温的蔬菜油适量 (约 0.75 杯)

做法 |

1. 牡蛎冲水洗净沥干水分，并用厨房纸把大部分的水分吸干。

2. 在牡蛎表面刨上柠檬皮屑。

3. 准备 3 个盘子，一个放中筋面粉，第二个放进全蛋并把蛋打散混合，第三个倒进面包粉。

4. 一次一个把牡蛎均匀裹上面粉并拍掉多余的面粉，然后沾裹上蛋汁，最后沾裹面包粉稍微按压一下使面包粉紧密包裹。

5. 平底锅或炒锅注入约 1cm 高的油加热至中温 (约 180º)，把牡蛎一个一个放进油锅以中小火炸至表面呈淡褐色，捞起后置于网架上摊晾。

6. 分批把牡蛎炸完，摊晾 5~10 分钟。

塔塔酱材料 |

桂冠美乃滋 1 条约 100g

全熟水煮蛋 1 个

洋葱 0.25 个

芥末籽酱 1 小匙

柠檬汁适量

黑胡椒适量

欧芹适量

做法 |

1. 洋葱切细末泡冰水去除辛辣味后沥干水分。

2. 欧芹切碎，水煮蛋用汤匙切碎。

3. 把美乃滋挤进步骤 1 中的容器中，续入步骤 1、2 的材料及芥末籽酱拌匀，试试味道，调入适量柠檬汁跟黑胡椒就完成了。

餐具的选择

餐桌上除了菜色的变化外，我也很注重餐具与食物的搭配。在此要特别强调好吃的菜绝对比漂亮而无味的料理受欢迎。我自己是宁愿在路边摊吃一碗便宜饭碗装的喷香卤肉饭，也不愿意在摆盘精致但食物却如同嚼蜡般的高级餐厅用餐。再试想一下家人、朋友吃到你做的菜，是评餐具漂亮还是赞料理好吃更能讨你欢心？所以在搜寻采购喜欢的餐具之余，别忘留点时间练习厨艺，色、香、味俱全是永远不败的真理。

跟大家分享几个我采购餐具的经验：

1. 以白色为基底。白色包容性最强，不同色彩的食物往往都能在白里尽情展现姿态，恰如其分呈现美感。我自己就收藏了3~4套纯白餐具，有的年资已经超过10年以上。当然餐桌也需要其他色彩的餐具增加丰富性，我个人偏好蓝色系，所以在色彩上总以此为考虑做搭配。除了单色系，选择不同材质、不同形状、不同花边、不同线条都能营造不同的餐桌氛围。

2. 两两成双。两两成双让餐桌灵活万变，这不仅适用在日常中，宴客时以同色调两两成双的不同款式当个人主餐盘，每每都能创造出属于自己风格的餐桌风景，这也是煮妇我乐此不疲的游戏。

3. 大盘大碗不可少。我的料理大部分采用同桌分食的形式，很意大利家族的感觉，所以漂亮的大盘大碗是我不可或缺的选择。近年来台湾因为饮食更多元化，所以此类商品也比以前更容易在卖场搜寻到。

4. 小钵小碟增添美感。小钵小碟用来盛装开胃菜、酱料、奶油等十分好用，高高低低形状各异自然能摆出一桌美好。

5. 好看好用可直接上桌的漂亮铸铁锅。铸铁锅好用不在话下，不但可在炉火、电磁炉上炒、炸、炖，更能直接进烤箱烘烤。一只好看的铸铁锅让料理一锅到底好方便，直接摆上桌也是美观大方惹人赞叹。

6. 木质调砧板、隔热垫等。木质调器皿在陶瓷、玻璃等杯杯盘盘中制造出别样的温润感，也是我想推荐给大家的。

漂亮的餐具让菜色加分赏心悦目，也让料理人心情大好，心情好做出来的菜才会好吃，对吧？但过多难免会有收纳空间不够用的窘境，购买前先想想是否与现有餐具好搭配，是否好收纳，三思而后行绝对有必要。

炙烤鱿鱼温沙拉

我家男孩们爱热炒时蔬却不爱生食沙拉，但我总希望他们多摄取不同的营养，所以沙拉叶还是会轮番出现在餐桌上。为了破解他们的心防我会加一些水果，或是煎烤些海鲜做成温沙拉，再淋上混合的略带蜂蜜甜味的酱汁，便往往能收盘底朝天之效呢！

材料 |

鱿鱼中型 1 只

喜欢的水果适量

喜欢的生菜叶适量

橄榄油适量

盐适量

黑胡椒适量

做法 |

1. 鱿鱼从中间剖开成一片，把头跟身体分开。清除内脏并去皮后，洗净擦干备用。

2. 铸铁横纹烤盘（或平底锅）以橄榄油加热。

3. 把鱿鱼煎熟并以黑胡椒跟盐调味后取出放凉，接着把鱿鱼切成喜欢的大小。

4. 把生菜叶、水果、鱿鱼漂亮地摆进盘中，磨进适量柠檬皮屑。

5. 淋上沙拉酱拌匀后即可享用。

沙拉酱材料 |

柠檬 0.5~1 个

初榨橄榄油 3 大匙

蜂蜜 1 大匙

盐适量

黑胡椒适量

沙拉酱做法 |

把所有材料放进深碗中搅拌至乳化即完成。

夏日莎莎酱

爱文杧果是台湾夏日最甜美的果实,盛产时节处处可见踪迹。直接品尝最实际,隐身于甜点、化作零食或是用来入菜也一样讨喜。我考验耐心般地把它切成小丁与其他食材拌成莎莎酱,它是酸酸甜甜盛夏独享的开胃菜。

材料 |

爱文杧果 1 个

圣女果 2 个

洋葱 0.25 个

甜罗勒 1 小把

柠檬 1 个

辣椒 1 根

初榨橄榄油 3 大匙

盐适量

黑胡椒适量

做法 |

1. 爱文杧果削皮去核后切成小丁,西红柿去子切小丁。

2. 洋葱切丁泡冰水约 30 分钟去除呛辣味,沥干水分备用。罗勒洗净切碎,辣椒去籽后亦切碎。

3. 柠檬刨下皮屑,挤汁备用。

4. 把以上材料放进容器,加入橄榄油,并用盐及胡椒调味,试试味道,调整成自己喜欢的味道。

5. 放进冰箱冰镇 1 小时即可享用。

TIPS

1. 柠檬汁可以边调边试味道慢慢酌加,不要一次全下以免过酸。

2. 搭配薯片或法式长棍面包是绝妙组合。

咖喱洋葱烤菜花

喜欢吃菜花是一种瘾。水煮的清甜，大蒜爆炒的爽脆，淋上橄榄油烤得焦香更是中西式料理中的完美搭配。在这里我加了洋葱丝与咖喱粉一起进烤箱，让整体口感跟香气更佳。

材料 |

菜花 1 个

洋葱 0.5 个

大蒜 3 瓣

橄榄油 2 大匙

咖喱粉适量

盐适量

黑胡椒适量

做法 |

1. 菜花分切小朵，用刀削掉一层梗上的粗皮，洗净后沥干水分。

2. 洋葱切丝，大蒜轻拍不去皮。

3. 取一烤盘放进大蒜、橄榄油、盐、黑胡椒、咖喱粉略拌匀。

4. 把洋葱跟菜花放进烤盘和步骤 3 中的备料拌匀。

5. 放进预热 180º 的烤箱烤约 20 分钟，中途记得翻拌一次。

6. 试试味道，用盐跟黑胡椒做最后调整，然后趁热上桌。

虾仁蒸蛋

丝滑如布丁的漂亮蒸蛋需要一点点小技巧，加入现剥虾仁增鲜，不管是拌饭或当汤喝都是极品。

材料

鸡蛋 (大)2 个

鲜虾仁 4~6 只

水 240ml

酱油 1 小匙

盐 0.5 小匙

香菜叶适量

虾仁腌料

盐适量

米酒适量

白胡椒适量

做法

1. 虾仁用腌料抓匀备用。

2. 鸡蛋打散后加入水、酱油、盐拌匀，用滤网滤进大碗中。

3. 电饭锅外锅倒入一杯水 (分量外)，把碗放进去，锅盖与锅体间架一支筷子留一缝隙，便可得到表面丝滑如布丁的漂亮蒸蛋。

4. 按下电饭锅开关开始蒸。

5. 8 分钟后打开锅盖将虾仁摆放在蛋上。

6. 盖上锅盖继续蒸至电饭锅跳起，点缀香菜叶便可上桌。

Banana Cooking Classes

|必胜教学之有灵魂的西红柿炒蛋|

Ⓢ 要怎么炒出有灵魂的西红柿炒蛋？

Ⓑ 糖是灵魂所在，让酸甜西红柿与两种口感的炒蛋交织缱绻出美妙滋味，千万别省略。

Ⓢ 除了盐之外为什么还要加酱油？

Ⓑ 不同的咸味来源让整体层次更丰富哦！

老娘要炒出有灵魂的西红柿炒蛋！

有灵魂的西红柿炒蛋

材料 |

西红柿 3 个

鸡蛋 5 个

盐适量

酱油 1 小匙

糖适量

水适量

油 2 大匙

做法 |

1. 西红柿在蒂头处划十字刀，以沸水煮至皮微微裂开，取出泡冷水后把皮撕掉并切块（也可以用刀直接给西红柿去皮）。

2. 把 4 个鸡蛋打匀，用 1 大匙油起油锅后倒入蛋液至周围开始凝固，然后用筷子或锅铲快速搅拌成喜欢的大小后捞起备用。

3. 原锅续入 1 大匙油热锅，放进西红柿丁拌炒至西红柿变软，加入适量的水煨煮至茄红素释放出来。

4. 倒入已炒好的鸡蛋拌匀后，以盐、酱油跟糖调味，试试味道，调整至自己喜欢的口味。

5. 把最后 1 个鸡蛋打匀后沿锅边倒入，煮至蛋液半凝固，就可以熄火起锅了。

拜托，这也太简单了吧！

法式清炖牛肉汤

炖煮一锅好汤是幸福的。把食材清洗干净切成喜欢的大小，然后通通丢进炖锅小火慢炖，偶尔留意一下炉台上的微微火光，让它维持轻轻沸腾着，翻滚而上的，从锅里蔓延出满室的幸福滋味。

这道牛肉汤里的蔬菜分成两部分，先熬煮汤底然后舍弃并滤掉杂质。接着下另一部分蔬菜熬煮至熟软，如此一来汤汁澄澈，尝来醇润端丽，果然是十足的法式优雅牛肉汤。

材料 A |

牛肋条 1kg

洋葱 2 个，
对切

胡萝卜 2 根，对切

干燥香草 1 束

西芹 2 根，切大段

黑胡椒粒 12 粒

材料 B |

20 个珍珠洋葱，
去皮

胡萝卜 2 根，
切圆形大块

盐适量

黑胡椒适量

做法 |

1. 把牛肋条放进大锅汆烫数分钟后取出，用冷水把肉洗干净。

2. 将洗净的牛肋条和所有材料 A 放入炖锅，以中大火煮至水沸腾后转中小火炖煮约 1 小时，水要维持盖住食材，需要的话可以酌加水量。

3. 熄火，把肉取出切块，捞出锅里的蔬菜丢弃不用，并用滤网把汤汁过滤进其他耐热容器。

4. 把锅子洗干净并把滤过的汤倒回锅子里，放进材料 B 的蔬菜，用小火煮约 30 分钟或直到材料熟软。

5. 尝尝味道，用盐及胡椒调味，然后就可盛盘上桌。

炙烤海鲜清汤

剥虾仁余下的虾头我会保存在冷冻库，空闲时熬煮成虾高汤，是料理海鲜时增鲜的利器。这道海鲜清汤就是以此为基底，成品鲜甜甘润让一家人赞不绝口，也是非常适合宴客的一道汤品。简单一点的做法是把海鲜放进滤过的高汤煮熟，但因此也就少了一抹炭烤香气哦。

材料 |

虾头约 20 个

洋葱 1 个切丁

月桂叶 2 片

新鲜百里香 2 支

威士忌
(或君度橙
酒)60ml

水约 2000ml

圣女果约 10 个

大虾 8 只，
洗净去肠泥

蛤蜊 0.5 斤

鱿鱼 0.5 只，
清除内脏切成圈状

橄榄油适量

奶油适量

黑胡椒适量

盐适量

柠檬适量

做法 |

A：虾高汤

1. 锅内入 1~2 匙橄榄油加热后入虾头煎香。

2. 续入洋葱丁炒至香气释出呈微微透明状。

3. 炝入威士忌炒至酒精挥发只留香气。

4. 把水倒入并把香料也放进锅内，煮沸后转中小火熬煮约 20 分钟，途中可不时捞出浮沫。

5. 熄火，用滤网过滤两次，如汤汁太浓可酌加适量水稀释，再次加热后以适量盐及黑胡椒调味即完成鲜味十足的虾高汤。

B：炙烤海鲜清汤

6. 平底锅或铸铁烤盘入适量橄榄油跟奶油热锅，把大虾及鱿鱼分别煎熟。

7. 虾高汤煮沸后放进圣女果跟蛤蜊煮至壳开即把蛤蜊捞起备用。

8. 把蛤蜊跟煎好的海鲜摆进汤碗，淋上高汤，搭配柠檬角上桌，请务必挤入柠檬汁趁热喝。

Banana Cooking Classes

| 轻松搞定之 QQ 排骨萝卜汤 |

(S) 为什么要用猪软骨?
我都用不带肉的小排煮汤啊?

(B) 猪软骨炖煮过后肉嫩骨头也QQ的,咬一咬甚至可
以直接下肚,是大人小孩都喜欢的口感哦!

(S) 有时小孩会要求放甜不辣,但我个人觉得会影响汤
头。可小孩真的很爱甜不辣,想当年我也很爱,但
自从成为国际厨娘后,就非常在乎汤头的纯、鲜。

(S) 什么季节的萝卜最好吃呢?

(B) 冬天才见芳踪的白玉萝卜,形状修长口感纤细又清
甜是最佳选择。但其实台湾现在的农业技术已能栽
种出一年四季都好吃的萝卜。

A Piece of Cake!

QQ 排骨萝卜汤

材料 |

猪软骨 300g

白萝卜 1 根

水适量

盐适量

白胡椒适量

香菜叶适量

做法 |

1. 白萝卜去皮切滚刀块（或轮切），猪软骨汆烫后洗净备用。

2. 把萝卜跟软骨放进炖锅注入冷水约至八分满。

3. 用中大火煮沸后转中小火慢炖约 40 分钟。

4. 最后用盐调味即完成。

5. 可依个人喜好酌量加白胡椒或撒上香菜叶享用。

知道姐姐的
厉害了吧！

土豆南瓜浓汤

我家男孩对于南瓜料理一概敬而远之，但这么可爱又美味的食材不入他们的口我觉得实在可惜啊！妈妈就爱接受挑战，某日脑中忽然灵光一闪，加进他们最爱的土豆煮成浓汤试试，没想到南瓜因此得以正式登上我家餐桌，成为男孩们的新宠。黄澄澄的浓汤因土豆的投入而更有深度，据男孩的说法是增加了香气减少了南瓜的怪味(南瓜明明很香)，反正他们喜欢，妈妈就开心，原因也就不深究了。

材料

南瓜约 600g

土豆 1 个
约 300g

橄榄油 2 大匙

水 3 杯

盐适量

黑胡椒适量

鲜奶油适量

做法

1. 南瓜跟土豆削皮后切成约 0.2cm 的薄片。

2. 锅里入橄榄油加热后，放进南瓜跟土豆薄片拌炒，炒至香气释出食材微软(约 5 分钟)。

3. 续入水煮开后，转中小火炖煮 10 分钟至食材熟软。

4. 略放凉后倒入果汁机打成泥。

5. 倒回原锅中以中小火加热，此时可以适量水或鲜奶油调整浓度。

6. 试试味道用盐跟黑胡椒调味即完成。

(TIPS)

1. 切薄片时尽力就好不用太执着，当然越薄煮熟的时间相对快速。
2. 如果没有果汁机也可以在食材煮熟后用锅铲压成泥，省略步骤 4。
3. 也可以加入鸡肉或海鲜等自己喜欢的食材增加丰富及饱足感。

手工鸡肉丸子

男孩们很喜欢贡丸、花枝丸、虾丸、鱼丸等丸子类食物(其实我自己也很喜欢)。虽然煮妇会严格慎选才购买，但毕竟这些仍属加工类食品，所以久久才给吃一次。偶尔我会手做鸡肉丸子来解馋。自制丸子的食材、调味、做法自己了然于心，吃得也安心，贯彻煮妇一心守护家人健康的理想。

材料 |

去皮鸡胸肉
约 600g
(请肉贩搅打成肉馅)

调味料 |

淡色酱油 1 大匙
(我用的是黑龙白
荫油)

味淋 1 大匙

太白粉 1 大匙

蛋白 1 个

姜末 0.5 小匙

盐 0.25 小匙

做法 |

1. 鸡肉馅用刀剁至出筋有黏性。

2. 把肉馅移至容器中加入所有调味料。

3. 用筷子顺着同一个方向持续搅拌至肉吸收所有调味料，呈现出筋的黏稠感。

4. 用手抛摔肉团，少则 5 分钟，多则 10 分钟，然后静置在旁入味。

5. 烧开一锅水后转中小火，用手抓起肉团从虎口挤出圆球状并用汤匙刮起放进锅里。重复此动作至所有肉馅用完，转中大火煮至丸子浮出水面熟透即可捞出丸子。

TIPS

用食物调理机把鸡肉打成泥，做出来的丸子会更柔滑细致。

Banana Cooking Classes

老公爱死你必学之红烧豆腐煲

Ⓢ 红烧豆腐一定要用板豆腐吗?

Ⓑ 不一定啊,选择自己喜欢吃的豆腐就好,只是板豆腐比较香也比较好煎。

Ⓢ 要保持豆腐的完整好难哦,有什么技巧吗?

Ⓑ 锅要烧热,下锅后不要急着翻面,待上色定型后,再翻面。

Ⓢ 要怎么样皮肤才可以跟豆腐一样?

Ⓑ 吃豆腐补豆腐,多多吃鲜嫩豆腐吧你!

ENJOY!

红烧豆腐煲

材料 |

板豆腐 2 块

香葱 2 根

姜 2 片

酱油 2~3 大匙

冰糖适量

水适量

油适量

做法 |

1. 板豆腐用厨房纸吸干水分切成块状，香葱切段并把葱白跟葱绿分开，姜片切丝备用。

2. 以 1~2 大匙油起油锅，放进板豆腐煎至两面金黄取出备用。

3. 砂锅或炖锅用适量油加热后炒香葱白跟姜丝，接着放入煎好的豆腐并加入适量水约至食材八分满。

4. 续入酱油跟冰糖炖煮至入味，最后撒上葱绿即可上桌。

厨艺界真的
不能没有我耶！

手工汉堡排

实实在在的自家制汉堡排，切开后满满肉汁香气四溢，从此再也不会去吃快餐店的汉堡了（笑）。

材料 |

牛肉馅 300g

猪五花肉馅 300g

洋葱 0.5 个

全蛋液 1 个

鲜奶油 30ml

面包粉 30g

盐适量

黑胡椒适量

橄榄油或奶油适量

做法 |

1. 洋葱切细末，平底锅用橄榄油热锅后放入洋葱末炒香至呈透明状，放凉备用。

2. 把牛肉馅和猪肉馅放进大碗中，加入全蛋液、面包粉、鲜奶油、洋葱末及适量的盐、黑胡椒拌匀，并适度摔抛。

3. 双手沾水开始制作汉堡排，取适量肉馅左右手来回轻拍让空气排出然后整成圆饼状，中间略压会比较容易煎熟。

4. 橄榄油或奶油热锅，把汉堡排煎至两面焦黄并熟透即完成。

TIPS

培根放进已预热150º的烤箱烤到自己喜欢的程度。放在厨房纸上吸掉多余油脂，汉堡包烤热后，铺上奶酪、多汁牛肉汉堡排、香酥培根片跟爽脆生菜，豪华牛肉汉堡就完成了。

海鲜煎饼

自己做的海鲜煎饼料多不手软，香松又鲜美，单吃就很美味，调一碟自己喜欢的酱汁来蘸食，一级棒的口感让人大大满足。

材料 |

鱿鱼 1 只

虾仁 12 只
约 200g

香葱 2 根

胡萝卜随喜好酌量

面糊 |

中筋面粉 2 杯
(量米杯)

太白粉 2 大匙

冰水 1.75 杯

鸡蛋 4 个

盐 1 小匙

做法 |

1. 虾仁切小段，鱿鱼去皮清除内脏洗净后切成小块 (约同虾仁大小)，香葱切末，胡萝卜切细丝备用。

2. 把所有面糊材料混合调匀。

3. 把步骤 1 中的备料加入面糊混合拌匀。

4. 以适量油润锅加热后舀入面糊，用锅铲稍微把面糊馅料铺平。

5. 中小火加热烘至蛋液凝固不会流动后翻面续煎。

6. 煎至熟透即可起锅。

TIPS

1. 这里的面糊大约可做两个 23cm 的煎饼。

2. 翻面时可用比平底锅大的盘子盖住然后倒扣入盘，接着把煎饼另一面滑入锅内续煎至熟透。

摆盘的方式

美味佳肴、合宜餐具如果再加上适度的摆盘，一道赏心悦目、令人垂涎三尺的菜式便产生。我自己偏爱简洁不繁复的摆盘方式，单纯以食材本身为主角不做无谓摆饰。我希望盘里的每一样皆可食，也经常提醒自己不要因为摆盘而制造更多厨余造成环保问题。分享几个自己的经验，如果你愿意反复练习那么肯定能创造出自己独特的摆盘风格。

适度留白：这是一个把餐具当成画布的概念，菜肴是主角，适度留白凸显主角的重要性。居中、斜摆都行，不需要太讲求对仗平衡，就尽情发挥你的巧思为美丽菜肴构图吧！

堆高呈现立体感：把食物兜拢堆高让视角感受到层次变化，而不局限在一个平面上，视觉上的立体感传达出菜肴更美味可口的讯息。

适度装饰：近几年来流行简约风潮，装饰过度的菜色让人有华丽有余而优雅不足的感觉，这俨然成为过时的摆盘方式。其实只要适度运用一些提升菜肴风味的辛香料或食材就能有抢眼的表现。比如卤牛腱旁的芫荽叶；煎羊排上缀一株迷迭香；意大利面上桌前轻撒欧芹叶，这都足以让菜肴简约优雅上桌吸引食客的目光与食欲。

选择搭配适合的餐具：最后还是要强调餐具的重要性，一个有着漂亮器形的餐具有时候只要一放上食物就很抢眼吸睛，无须过多装饰，切记花色繁复适合盛装简单的食物 (例如炒青菜)，色彩缤纷的料理则选择白色有漂亮造型的餐具最优。

甜点 DESSERT

柠檬蜜渍莓果

短时间快速完成滋味却一点也不打折，酸酸甜甜单吃就美味，搭配冰淇淋或戚风蛋糕更是合拍。

材料 |

草莓 20 个

蓝莓 1 小把

现刨柠檬皮屑 0.5 个

柠檬汁适量

接骨木花糖浆 2 大匙

蜂蜜 2 大匙

柠檬切薄片适量

做法 |

1. 草莓洗净沥干对半切，蓝莓 1 小把洗净沥干备用。

2. 把所有材料放进容器拌匀置入冰箱冷藏约 1 小时入味。

3. 盛盘用切片柠檬装饰即完成。

TIPS

如无法取得接骨木花糖浆可省略不用，只要适度调整柠檬跟蜂蜜的用量即可。

每次这道甜点
出现在我们家一定会
形成丧尸抢食人类的画面！

蛋白霜饼干

做法简单好操作而且携带方便，重点当然要美味啦。一款只要两种材料便能做出云朵般的小甜点，外酥脆内松软如云朵般讨人喜欢。

材料|

蛋白 3 个
约 100g

砂糖 110g

做法|

1. 烤箱预热至 100º。

2. 用手提式电动搅拌器以中速把蛋白打至产生大泡沫。

3. 接着边打边把糖分成 3~4 次慢慢加入。

4. 用高速档把蛋白打发至干性发泡，即蛋白霜尾端挺直不会下垂，并且把容器倒扣蛋白霜也不会掉下来即可。

5. 烤盘铺上烘焙纸，用汤匙或挤花袋塑出自己喜欢的形状。

6. 放进烤箱烘烤约 100 分钟。

7. 置凉后放进密封罐保存以免反潮变软影响口感。

TIPS

1. 蛋白与容器均不能沾到油或水，否则便无法打发。

2. 烘烤时间需视蛋白霜饼干大小调整，一定要烤至能轻易从烘焙纸上拿起来不沾黏，否则会黏牙哦！

焦糖布丁

自家烘焙实实在在、自然无添加化学成分。倒扣后焦糖涌出瞬间糖香和香草香，真正芳馨诱人，我家小弟说一定要大口吃。

材料

焦糖液

糖 120g

冷水 30ml

热水 30ml

布丁液

全蛋 3 个加上
蛋黄 2 个

糖 50g

全脂鲜奶 500ml

香草荚 1 个

做法

制作焦糖液：

1. 把糖跟冷水倒进锅里以中火加热至糖慢慢溶化，可以稍微转动锅子但不要搅拌。

2. 煮至焦糖变成褐色时加入热水（往后站一些避免喷溅），再次摇动锅子等糖水沸腾后熄火。

3. 烤模浇进焦糖液并转动烤模让焦糖均匀铺底，然后放进冰箱冷却。

制作布丁液：

4. 把牛奶跟糖倒进锅里，香草荚沿长边剖开把籽刮出。将香草籽和荚一起放进锅里，煮到糖溶化微微沸腾后熄火。

5. 把鸡蛋打散打匀但不要过度搅拌以免打入太多空气。

6. 小心地把鲜奶液慢慢倒进蛋黄液，边加边搅拌（动作慢一点，避免变成蛋花）并混合均匀。

7. 用滤网过滤两次后平均填入烤模内。

8. 把烤模放进已预热 150º 的烤箱内，在烤盘上注入热水约 1/2 或 1/3 烤模高，烤 35~40 分钟，用牙签戳进去若无沾黏就表示熟了。

9. 小心取出布丁放凉，包上保鲜膜冷藏至少 4 小时。

10. 盛盘时，用刀子沿烤模边缘划一圈，把盘子倒扣在烤模上，然后一起翻转过来，稍微甩动就可脱模倒立在盘子上。（如仍无法脱模可以把烤模底部浸入热水约 20 秒左右）

香草奶酪佐杧果酱

冰冰凉凉缀满香草籽的小甜点，用一点点的小奢华宠爱孩子，不到 15 分钟的时间，换来的是男孩们大弧线的笑容。

材料 |

鲜奶油 500g

鲜奶 500g

香草荚 1 根

糖 100g

吉利丁 4 片
(约 10g)

做法 |

1. 吉利丁片用冰水泡软备用。

2. 鲜奶、鲜奶油和糖一起倒入锅内，香草荚对剖后用刀尖把籽刮起来。然后连籽带荚一起放进锅内开火煮到糖溶化，微微沸腾后就熄火。

3. 把泡软的吉利丁片拧干，趁热放进牛奶锅中搅拌融化。

4. 把牛奶过滤，然后填入模型杯里。

5. 如果奶酪表面有小泡泡，可以用牙签戳破，等到完全放凉后，覆上保鲜膜，置入冰箱冷藏约半天。

杧果酱 |

爱文杧果中型 2 个

糖 1 大匙

柠檬汁少许

杧果酱做法 |

6. 把杧果削皮去核切成小丁，连同其他材料一起放入锅里煮到略微浓稠后熄火，放凉置入冰箱冷藏。

TIPS

可以自行调整配方里鲜奶油跟鲜奶的比例，喜欢较清爽口感就减少鲜奶油增加鲜奶的比例。

覆盆子厚松饼

开学没多久的补课日，所有学生万般无奈、痛苦与郁闷，嗯，还是只有我家男孩？拖拖拉拉终究还是挣扎着出了门，小弟不多久传来简讯报告已上车。我回："Have a good day." 他回："这个星期六 good day 不存在好吗？"我看了大笑，果然是个不情愿的补课日啊。算准他下课时间烤了厚厚蓬蓬的覆盆子松饼，香香甜甜摆上桌，准备迎接男孩进门后的笑脸，就希望这个补课日在你的记忆里是个甜蜜蜜的 good day！

材料

20cm 铸铁平底锅 1 个

松饼粉 1 包 200g

鸡蛋 2 个

鲜奶 100ml

鲜奶油 30ml

蜂蜜 1 大匙

覆盆子馅

无盐奶油 10g

覆盆子 100g

砂糖 20g

做法

1. 烤箱预热至 170º。

2. 把蛋打匀后加入鲜奶、鲜奶油、蜂蜜拌匀，然后加入松饼粉轻轻搅拌至看不到粉类就好，不要过度搅拌，以免膨不起来。

3. 烤盘加热后放进奶油融化，续入覆盆子跟砂糖拌炒至糖融化覆盆子也变软。

4. 把面糊倒入后熄火，放进烤箱烤约 18 分钟至表面金黄上色。

5. 从烤箱取出筛上糖粉后上桌，也可淋上蜂蜜趁热吃。

香蕉柠檬玛芬

忘记先帮孩子们把早餐准备起来，只好就着手边食材迅速备料进烤箱。半个小时完成的香蕉柠檬玛芬，表面酥酥的，珍珠糖脆脆甜香有口感，内部湿润松软，有柠檬跟香蕉交融出的清新滋味，让赖床嗜睡的男孩睁开眼就能感受到幸福。

材料 |

中筋面粉 (过筛)2 杯

泡打粉 (过筛)2 小匙

糖 0.75 杯

原味酸奶 1 杯 240g
或鲜奶 120ml

鸡蛋 2 个

柠檬 1 个

奶油 100g

香蕉 1.5~2 根，切小丁或用叉子压成泥

珍珠糖或红糖适量

做法 |

1. 烤箱预热至 180º，奶油以小火加热融化后放凉备用。

2. 把酸奶、鸡蛋、柠檬皮屑和融化的奶油放进容器，搅拌到质地滑顺。

3. 把中筋面粉、泡打粉和糖放进容器中混合均匀。

4. 把步骤 2 的湿性材料倒进步骤 3 的干性材料中，搅拌到混合均匀 (勿过度搅拌至出筋，否则会变成发糕的口感)。

5. 撒上香蕉丁稍微搅拌。

6. 把面糊舀入纸杯中，表面撒上珍珠糖，放进烤箱烤约 20 分钟即完成。

TIPS

香蕉丁（泥）可加一大匙白兰地拌匀让整体香气提升。

太夸张了吧！连这个也会做！想逼死谁啊！

柠檬糖霜奶油蛋糕

搞不懂，明明妈妈非常怕酸，你却独独钟爱柠檬风味的甜点，还不忘交代要淋上厚厚酸甜糖霜，我笑着一层层抹上，感觉妈妈的心意也毫不吝啬随糖霜覆上。男孩 18 岁生日指定款，等你晚上回家来验收。

材料

蛋糕体

8 寸活动式圆形蛋糕模或 23×12cm 的长形烤模 1 个

中筋面粉 250g

无盐奶油 250g

糖 250g

鸡蛋 4 个

柠檬 2 个
（有机无蜡的最好）

泡打粉 1 茶匙

盐 1 小撮

柠檬糖霜

糖粉 120g

柠檬汁 1 大匙

冷开水适量

柠檬 0.5 个

做法

1. 烤箱预热至 180°，烤模刷上奶油，撒上面粉 (皆分量外) 备用。

2. 奶油加热融化后放凉备用。

3. 蛋白跟蛋黄分开，把一半的糖跟蛋黄打成浓稠并呈淡黄色，且质地有点像鲜奶油。

4. 将蛋白和另一半的糖用电动搅拌器打至硬性发泡。

5. 把面粉、泡打粉过筛，跟柠檬皮末、盐混合在一起。

6. 将混合后的面粉倒进蛋黄液中，接着倒入融化放凉的奶油，轻轻搅拌至奶油与面糊完全混合。

7. 小心拌入蛋白霜，混合均匀后倒入烤模。

8. 烤 45~50 分钟，中途记得把烤模转个方向，烤到竹签插入不会沾黏面糊为止。

9. 烤好的蛋糕放凉后脱模，把柠檬糖霜的材料混合在一起，淋在蛋糕上就完成了。

版权所有　不得翻印
版权合同登记号：图字：30-2017-006 号
　　图书在版编目（CIP）数据
　　国际厨娘的终极导师 / 小 S, 芭娜娜著 . –– 海口：
海南出版社 , 2017.12
　　ISBN 978-7-5443-7615-0
　　Ⅰ . ①国… Ⅱ . ①小… ②芭… Ⅲ . ①食谱 Ⅳ .
① TS972.12
　　中国版本图书馆 CIP 数据核字 (2017) 第 274420 号

国际厨娘的终极导师

作　　者：小 S, 芭娜娜
监　　制：冉子健
责任编辑：周　萌
执行编辑：洪紫玉
责任印制：杨　程
印刷装订：联城印刷（北京）有限公司
读者服务：蔡爱霞　郗亚楠
出版发行：海南出版社
总社地址：海口市金盘开发区建设三横路 2 号　　邮编：570216
北京地址：北京市朝阳区红军营南路 15 号瑞普大厦 C 座 1802 室
电　　话：0898-66830929　010-64828814-602
E-mail：hnbook@263.net
经　　销：全国新华书店经销
出版日期：2017 年 12 月第 1 版　2017 年 12 月第 1 次印刷
开　　本：787mm×1092mm　1/16
印　　张：15
字　　数：245 千
书　　号：ISBN 978-7-5443-7615-0
定　　价：78.00 元